第六日译丛

错觉在或不在，时间都在

人对时间的感知如何形成

[英]克劳迪娅·哈蒙德 著
桂江城 译

湖南科学技术出版社

献给蒂姆

时间存在的唯一理由是使所有事情不在一起发生。

——阿尔伯特·爱因斯坦

当查克·贝里（Chuck Berry）站在悬崖边或山顶时，他总喜欢跳下去。在飞机里，他也喜欢一跃而下。首先要说明，这位查克·贝里并非那位大名鼎鼎的摇滚明星，而是被称为“新西兰跳伞之王”的极限运动玩家查克·贝里。在很多饮料广告中都出现过贝里的英姿。在为可口可乐旗下饮料品牌利特（Lilt）拍摄的一组广告中，贝里两次完成了骑着自行车从一架直升机上跃下的壮举。现在贝里成了红牛饮料的代言人，但可以肯定的是，他从高空坠落直到最后一刻才打开降落伞的刺激远比红牛中的咖啡因更令他兴奋。

25年来贝里一次又一次地从高空急坠，使用过跳伞、滑翔伞、超轻量飞行器、降落伞（有一次他甚至用自制的帐篷作为降落伞的顶棚）等工具。他最擅长的还是定点跳伞（BASE Jumping），这是一项比一般极限运动更“极限”的运动。定点跳伞的命名源于四个特定的跳伞地点：摩天大楼（Buildings）、天线高塔（Antenna）、大桥水坝（Spans）和悬崖溶洞（Earth）。这项运动极为危险，从1981年至今已经造成136人死亡，平均每60个定点跳伞的参与者中就有一个可能因此丧命。

像贝里这样的高手，能长期从事这种高危运动并一直保证安全，是因为他有极强的心理素质，能时刻保持冷静。每次跳跃前，他都会在脑中想象出自己如何迈出每一步来保证成功一跳的画面。而其他普通人只是站在世界最高楼吉隆坡双子塔（现在当然是迪拜的哈利法塔。——译者注）楼顶就已经吓得浑身发抖了，脑子里很可能想象的是自己如何失败的画面：坠落时遭遇一阵大风被撞向大楼；或是因打开降落伞太慢，结果摔在1381英尺（约420.9米）下的街道上血肉模糊。而贝里从不会这么想，他在跳跃前会仔细分析风向，计算出打开降落伞的最佳时机，规划出理想的滑行路线，从而顺利在目标地点着陆。当然，这一切实施起来没那么简单，贝里通常需要做几个月的准备。

有了多年丰富的经验，一次在新年第一天，贝里准备进行“雨燕”（swift）悬挂式滑翔机飞行表演，原本这对贝里来说应该很轻松。“雨燕”悬挂式滑翔机是一款结合了飞机和普通悬挂式滑翔机特性的跨界品，因而它有轻便的机身并具有了普通悬挂式滑翔机出色的空中飞行性能，驾驶者只需要带着它助跑到悬崖边，起跳后就可以开始滑翔，而不需从飞机上往下跳。另外它体积很小，很适合在崎岖的岩壁大展身手。“雨燕”悬挂式滑翔机的前半部分很像一个拥有超长空气动力学机翼且造型优美的纸飞机，并且机身很短，也没有尾翼。驾驶舱刚好能将驾驶者的头、肩膀和手臂包住，下肢悬空，便于完成飞行前的助跑。还记得动画片《摩登原始人》里弗雷德·弗林史东用双腿助跑发动他的原始汽车的场景吗？就像那样，贝里带着“雨燕”，奔向悬崖边，然后起飞！

贝里选择的飞行地点是新西兰蹦极之都皇后镇（Queenstown）的皇冠峰（Coronet Peak）。那是一个晴朗的夏日，山峰背后的蓝天干净得像剧院的舞台幕墙。这是一个完美的飞行地点。但贝里认为在如此广阔的天空中进行一次循规蹈矩的普通飞行似乎略显乏味，所以他决定在飞行过程中增加一些花式技巧，为观众带来更加精彩刺激的表演。于是，他驾驶着滑翔机先迎着气流爬到 5500 英尺（约 1676.4 米）的高空，随后急速向下俯冲。贝里的计划是，在高度允许的最后一刻停止俯冲，再次把滑翔机拉升到空中。对身经百战的贝里来说，这不是轻而易举吗?

但这次不是！正当贝里和滑翔机从高空向下俯冲时，机身突然产生了巨大的震动，作为一名前飞机工程师，贝里很清楚发生了什么。在飞机工程领域，这个现象叫作“鼓翼”——这是源于一位业界专家提出的对一种故障的委婉说法——指飞行器的机翼不停地上下摆动，导致飞机失去控制。

一眨眼的工夫，滑翔机的两翼都已完全折断，贝里现在处于自由落体状态。从高空加速下坠通常是贝里的一大乐趣，但这次没有任何东西能减缓他下降的速度，也没有任何方法能打断这次下坠，没有什么能阻止他重重地摔在地上了。但即使在这种紧急关头，贝里头脑依然保持了冷静——救援人员后来从贝里随身携带的 GPS（全球定位系统）设备上看到他当时的下坠速度达到 200 千米每小时——他的大脑依然能完成细致、理性的思考。

尽管在没有翅膀的机舱中高速下坠，但贝里抬头发现大部分飞机残骸依然围绕在机身四周。他的脑子马上开始飞速运转。事后他甚至可以分毫不差地复述自己当时的思考过程：

> *一定有办法拿到飞机残骸，我为什么不爬到机舱上面去？肯定有办法，我可以爬上去吗？肯定能。詹姆斯·邦德在这时会怎么做？加油哥们，想点办法！我一定要做点什么！别往下看。离地面太近，没时间了。但一定有办法！刚刚一定是鼓翼了。拉杆！紧急降落伞的拉杆！如果*

能拿到拉杆就有希望。就是那里！一定就是那里！我下坠了多久？感觉过了好长时间。四周都是山体，留给我的时间不多了。风太大了没法想太多。这是我人生中最重要的决定。做点什么！救救你自己！快去拿到拉杆打开降落伞！

以上这些都是贝里当时的内心独白。需要注意的是，所有的思考过程、所有的细致的决策——通过贝里随身携带的GPS设备显示——全部发生在几秒钟之内。但贝里的感觉却长得多。他知道自己必须赶快行动，但他却又有足够的时间（看上去不少）完成思考并采取行动。旁观者感觉时间飞逝，而贝里的每一秒似乎都无限延长了。相同的时间长度，不同的人却有完全不同的感受。贝里在元旦这天瞥见了时间的永恒，这是一个极端却完美体现本书主题——时间体验的主观性的一个例子。在有些特殊情况下，例如贝里的这次经历，时间会展现出其不可思议的可伸缩性。

每个人都有感受到时间发生扭曲的经历。当我们感到害怕时，就会像贝里那时一样，感觉时间似乎变慢了。而做开心的事情，又会感觉时间“飞逝”。随着一年一年过去，我们感觉时间过得越来越快，每个圣诞节都比上一个来得更快。而小时候的每个假期却都好像长得有好几个月。

在本书中我将探讨时间有时长有时短究竟是一种错觉，还是因为大脑在不同情况下对时间的处理方式有所不同。时间知觉——即人们主观体验时间的方式，作为个体对时间的感受——一个永无止境的有趣话题，因为时间经常令我们惊奇，我们也一直不能完全习惯时间对我们耍的把戏。一个美好的假期总是转瞬即逝，刚习惯没几天便得准备打包回家。而到家那一刻却感觉自己已经离开了好久。同样的假期怎么可能产生如此矛盾的感受呢？

本书的核心观点是，时间的体验是由大脑创造的。影响时间知觉的因素有很多：记忆、注意力、情感以及我们将时间与空间进行关联的方式等。而这最后一个因素则让我们拥有一项特殊技能：通过大脑中的时间旅行，我们可以回顾过去，也可以展望未来。我的论述主要关注心理学和大脑科学的角度，而非形而上学、诗歌、物理或哲学的角度，尽管这些学科间的界限有时也很难划清。

物理学家认为，人们普遍将时间分为过去、现在、未来的 6 做法是不准确的。时间不会流动，时间是一种存在。著名哲学家约翰·埃利斯·麦克塔加特（John Ellis McTaggart）对时间的看法也与此大致相同[1]，类似的观点也深深扎根于佛教、印度教等宗教的教义中。但本书讨论的重点不是时间的客观存在，而是人对时间的体验，我确信你也和我一样都把时间看作是流动而非静止的事物。我会着重讲到大脑如何创造对时间的感受，即神经科学家和心理学家提出的“大脑时间”。这是一种无法用任何钟表计量的时间，但却构成了我们体验世界的核心。

我还会介绍在时间心理学这一新型研究领域中，研究人员为了研究“大脑时间”而采取的各种充满想象力的研究方法。他们有的就某些著名事件的发生时间对人进行提问，有的让参与者自己驶向竖井口边，有的甚至让参与者从高楼背身跳下。研究人员们自己也勇于亲身体验，有的独自在不见天日的地下冰川岩洞里生活了几个月，有的坚持 45 年每天训练自己估算时间的技巧。也有人经历了意外，却无意中为研究时间知觉提供了大量宝贵素材：有人在遭遇一场摩托车车祸后，丧失了想象未来的能力；一位 BBC（英国广播公司）记者作为人质被囚禁了 3 个多月，期间他根本不知道自己能否被释放。

这些事例与全世界最尖端的心理学和神经科学研究相结合，能为我们提供宝贵的弄清时间知觉的奇特本质的观点。我 7

们知道时间具有延展性，但并非每个人都要有贝里那样惊心动魄的经历才能体会。心理学家有了一些特别的发现：例如吃快餐时，人会变得更没耐心[2]；排队时，后排的人会感觉时间朝自己走来，而前排的人会觉得他们正在时间的大道上前行；人在发怒时会感觉时间变慢。

我在书中还提出了我独创的观点“假期悖论”，这是指假期过程通常过得很快，但事后回忆却觉得它过了很长时间的现象。这是由于我们一般通过两种方法来感知时间——体验时间和回忆时间。多数情况下这种双重机制能良好地运作，但这也是造成很多时间谜团的关键。当这两者无法保持一致时，时间就会给人带来困惑。

本书还将提到关于人的大脑如何将时间具象化的研究。你可能感到惊讶的是，平均每五个人中就有一个人习惯将每天、每月、每年，甚至每个世纪以一种具体形象在脑海中清晰地显示出来。展示的方式各有不同，有的人眼中的一个个世纪排列成多米诺骨牌；有的人认为一个个十年一圈圈组成一个弹簧。为什么时间在他们眼中是这个样子，这对时间体验有什么影响？另外，我还会提到一个没有正确答案的问题：到底是未来的浪潮向我们涌来，还是我们正不断地在时间的大道上向未来迈去？

今天我们能用比以前更加精确的工具计算时间，美国国家标准与技术研究所（National Institute of Standards and Technology）的铯原子钟精确度达到了每六千万年的误差不超过一秒，而几年前它的精度只是每两千万年误差不超过一秒。大脑时间则更加难以捉摸。它好像不存在，却能在无形之中控制我们对时间的体验。过去几十年里，科学家们一直在寻找“人体时钟”的存在。人的生物钟以 24 小时为周期使人体时钟保持规律，并使人通过感受阳光让身体活动与昼夜变化相协调。但在人体内并没有一个专门的器官负责感知每秒、每分钟、每小时的流逝。即使如此，大脑却能测量时间，如我们能相当准确地估算出一分钟的长度。一会儿之前、中世纪、上个十年、开学第一周、每个圣诞节、两个小时等不同形式的时间在我们脑中都有清晰的概念。对过去的几十年、自己的人生经历、我们在地球的历史长河中处于什么位置，我们也形成了长期的认识。

神经科学的最新发现为解释大脑在人体中没有一个专门器官的情况下仍能感知时间提供了线索，在第二章中我将探讨这些理论。但真正令你感兴趣的可能是对时间的感知如何影响你的思考与行为。日历上的日期只会向前，而大脑却可以在过去和未来之间跳跃。本书你也可以跳着读，我以自认为合理的顺序写了这本书，但你也不必完全顺着我的思路。如果你想知道自己基于未来而做出选择的能力如何，可以跳到第五章；如果你曾经历一场事故，想弄清为何当时感觉时间如静止了一般，你可以在第一章找到答案；如果你想知道为什么时间过得越来越快，以及为什么新闻事件实际发生的时间比你认为的总是早一到两年，第三章可能适合你。

总的来说，我将会探究如何令所有这些研究帮助到每个人的生活。因此，大脑中形成时间的体验，应该能改变一些令我们烦恼的因素。比如，让飞逝的宝贵时光过得慢一些，或者让堵车的难熬过程变得快一点，更多地享受当下，更准确地回忆起上次见到老朋友是什么时候。时间可以是朋友，也可以是敌人。关键是要学会驾驭它，不管是在家里、工作中，甚至公共政策的决定中，让自己的生活与对时间的感知保持一致。时间知觉非常重要，因为正是对时间的体验构成了我们的精神实体。时间不仅是我们管理生活的核心，也是我们体验生活的方式。

最后，关于时间，我还要简单补充。在一本关于时间的书里，“时间”这个词当然会反复出现。但如果我是来自亚马孙丛林的阿莫达瓦部落，这就会有问题了。这个部落的语言中没有表示时间的词汇，他们不知年月为何物，没有统一的历法，没有时钟。虽然他们也会把发生的事件按照顺序排列，但是不存在独立的时间概念。而相反，“时间”是英语中使用频率最高的一个名词[3]。这反映出我们对时间的强烈好奇，也是我写这本书的理由。但时间这个词的普遍使用也带来了一个问题，即过度使用会产生概念的混淆。为了避免这个问题，有时我需要引用一些术语和一些心理学的专业词汇来更准确地表达。我还会使用一些词组，例如“未来思考”，为了精确表达的需要，有时它们会反复出现。请读者谅解。

我知道现在你们还在牵挂着贝里的生命安危，但很抱歉你们还不能立刻知道答案。不过在下一章的结尾，我们将通过时间旅行的技能回到过去，看看贝里到底能否脱险。

前
目
录

Chapter 1

时间错觉

13

在BBC记者阿兰·约翰斯顿（Alan Johnston）在加沙地带被俘成为人质期间，他有很多时间来打发，但不能精确计算时间。没有手表、没有书，也没有纸和笔，他每天只能通过观察从百叶窗透进来的阳光和地上的影子来猜测时间过了多久。每天五次穆斯林礼拜的钟声也能让他对当天的时间做个大致的估计，但很快他就不知道当天的日期了。约翰斯顿说：“我开始时用很多囚犯惯用的方法在门上刻下标记记录时间，但一阵子之后我害怕门上的印记被守卫发现，那个守卫在那段时间心情很差，要是被抓到，下场估计很惨。于是我改为在牙刷上做记号，但即使这样也很难准确把握每天的日期，没过多久，我就漂泊在时间的海洋中，完全迷失了。”

约翰斯顿在那间小屋子里实际上被关押了接近4个月，但在那段日子里，他根本不知道自己要被关多久，甚至不知道自己能否活着出去。“突然时间好像变成了一个有生命的东西，

14

有一种压倒性的力量让人无法承受。它是无尽的，因为你不知道何时才能获得自由，如果可能的话。前面等待着你的时间就像浩瀚的海洋，你只有不停地拼命向前挣扎。”为了消磨时间，约翰斯顿发明了一些思维游戏，给自己提出一些课题，例如如何用最有力的论述反驳种族隔离观点，或在脑子里创作诗和故事。但没有纸和笔来记录，这变成了一种记忆力训练。“如果你写了七行糟糕的诗句，在写第八行之前，你得先把前七行记住。然后写完第九行后，你还要问自己还记不记得第五行是什么。”最后，约翰斯顿终于找到了与时间作战的策略，一个利用时间本身特性的策略，本书后面将会详细介绍。

约翰斯顿被俘期间，两个因素牢牢控制着他的生命：绑匪和时间。在本章，我将对约翰斯顿所体验的时间发生严重扭曲、缓慢得难以忍受的经历进行研究。在被关在一间屋子里、

被剥夺所有外界刺激的情况下，约翰斯顿感到时间漫长并不令人意外，同时我也会讲到其他更普遍的情况。时间这种令人捉摸不透的伸缩性令人着迷，但研究这个问题之前，让我们首先思考一下：作为个人和社会的一分子，感知时间流逝的能力为何如此重要？

在社会沟通、合作与人际交往中，准确把握时间比你所认为的更重要。任何需要两个或两个以上的人参与的活动，都需要参与者们互相协调好时间表。简单如两人间的谈话，也需要对发生在片刻间的细节保持敏感。不管是自己表达还是理解他[15]人的话语，都需要关注包含在不到 1/10 秒内发生的细节。例如英语口语中“pa”和“ba”的区别完全在于辅音与元音间的时间间隔。如果间隔较长，你听到的是“p”，如果间隔较短，你听到的则是“b”。如果你把手放在声带上，当你发“ba”音的时候，嘴唇一打开，你就可以感觉到声带的震动，而当发“pa”音的时候，则会感到声带的震动会比嘴唇的张开稍稍滞后一点。这需要我们对时间的敏感度达到毫秒级。而歌词中音节间的时间间隔都可以很明显地影响到听歌者对整句歌词意思的理解。吉米·亨德里克斯（Jimmy Hendrix）在歌曲“*Purple Haze*”《紫烟》中唱道：“Excuse me while I kiss the sky（当我亲吻天空的时候，请原谅我）.”而很多人听这首歌的时候没有正确地断句，对这句歌词产生了著名的误读：“Excuse me while I kiss this guy（当我亲吻这个家伙的时候，请原谅我）.”为了使肢体与肌肉的运动保持协调，我们要能估计毫秒级的时间差别，对时间的准确估计能让我们感受到音乐的韵律；完成一次准确的射门；或是在机场赶往登机口时，决定是走快速通道，还是走普通通道（答案是视情况而定的。普林斯顿大学的研究发现，很多情况下，走快速通道的旅客因为人多不得不放慢脚步，或是更令人恼火地被堵在别人后面。只有在空旷的快速通道上行走，才会比走普通通道快）。

我们感知时间的能力并非不完美，但整体上大脑能够很好地掩盖这一点，让整个世界中的时间通常看起来流畅且具有连续性。即使一部配音质量低劣的电影，我们也很难发现里面的声音对不上口型。研究发现，如果时间偏差在 70 毫秒以内，大脑会主动将其忽略，仍会按照预期的那样认为声音与口型相符。然而一旦被告知声音与口型不合拍，人们也可以辨别是声音快了还是口型快了。这说明我们并不是不能发现这些偏差，而是除非我们有意识地对这样的偏差事先保持警惕，不然大脑就会习惯性地认为声音与口型仍保持一致。人的某些感官比另外一些感官对时间的判断更加敏锐。我们很容易用听觉记住一段莫尔斯码的敲击声，而如果将这段莫尔斯码用点和线写在纸上，则难记得多。

下面的方框介绍的是一个叫作“皮肤兔子幻觉”的实验，你可以找个人试试。

找到一个志愿者，抬起他的前臂并要求他看向除手臂外的其他方向。用一支笔在他手腕附近某一点连续快速敲击，随后在不改变敲击节奏的情况下将敲击点跳到手肘内侧附近的某一点。然后问他感觉到什么。

对方很可能会说，有一个物体从手腕开始，随后以固定间隔慢慢向上敲击，最后敲到手肘内侧的位置。即使你并没有碰到对方手腕和手肘内侧之间的任何位置，但他们的大脑仍将两个敲击点间的距离和敲击的时间做了合理化的假设。类似地，如果你连续快速地不停地开关一盏灯，这盏灯就会闪烁。如果开关切换的速度足够快，到达某个程度后，这盏灯就会看起来

16
17

是开着一样，我们的大脑也将灯的闪烁合理化为连续的点亮。我们习惯于将一些事件按照时间顺序排列，使它们合理化。

能以毫秒级精确控制时间的电脑的出现，使科学家对大脑可侦测的极限时间间隔研究变得更简单。19 世纪 80 年代，奥地利心理学家西格蒙德·埃克斯纳（Sigmund Exner）决心测出人耳可以辨别的最短声音间隔。他使用了沙伐音轮（Savart Wheel），这是一种圆周为锯齿的金属圆盘，当它转动时，会发出响亮的击打声。如果沙伐音轮转得够快，就像快速闪烁的灯泡一样，击打声听上去就像是连续的。埃克斯纳想找到使人耳能听到间隔击打声的最小时间间隔。他同时也用电火花对人的视觉做了类似实验，发现人的不同感官对时间的辨别能力有明显区别，电火花闪动时，人眼很难分辨，而耳朵则可以分辨出 1/500 秒的时间间隔[4]。

对时间如此高的敏感度令人印象深刻，但我们的时间知觉能力远不止如此。将毫秒级的时间置于一定情境中的能力才让我们有了对时间的主观体验。德国哲学家埃德蒙德·胡塞尔（Edmund Husserl）在他对时间现象学的研究中提出，听歌时，我们在一段时间内只能听到几个音符，但我们对过去和未来的观念，即回忆与预期帮助我们组成了一首完整的歌曲[5]。对时间的体验是个人的，是意识中很难用言语表达的部分。古罗马帝国时期天主教思想家圣奥古斯丁（St Augustin）有句名言："时间是什么？如果没有人问我，我是知道的。如果我需要向别人解释，我就不知道了。"我们经常使用表示时间的虚拟概念，如 6 个月、上周或明年，人人都知道这是什么意思。时间的概念既是私人的，也是得到广泛认可的。

你的时间就是我的时间

在各种社会文化中，都有被普遍认可与接受的关于时间的规则。在包括欧洲和美国的世界各地，如果一场演出门票上写的开始时间是晚上七点半，人们通常会稍早到达；如果一个派对邀请函上写的是晚上七点半开始，你就应该稍微晚点到。美国社会学家伊维塔·泽鲁巴维尔（Eviatar Zerubavel）认为这些社会习俗为我们提供了一种判断时间的方式。[6]我们的经验让我们认为一场演出的时间通常大概是2个小时，而认为超出这个时间长度的演出就会显得有些拖沓。而同样的时间对于一上午的工作则显得太短。如果在一个意外的时间看到某人，我们甚至可能不会认出他。文化给人们带来了共同认可的合适的时间观念，如去别人家做客最好待多久，和对象交往多久后才适合结婚。而例外则会令人惊奇。我记得有次在加纳和6个男人同桌吃午餐，其中2个（一个苏格兰人和一个加纳当地人）的故事令其他人吃惊：他们各自和妻子在第一次约会的时候就向对方求婚。更令人吃惊的是，当时两个女人都回答“我愿意”，并且这两对婚姻都已经非常稳定地度过了20多年。

一成不变的规律能给人带来安全感。规律如此重要以至于打破这种规律会打乱人们对时间的概念，极端情况下甚至会产生恐惧。关塔那摩监狱里的规矩是，犯人吃饭、睡觉、接受审讯的时间都是不固定的，这样一方面能挫败他们记录时间的计划，另一方面还能使他们产生焦虑。对约翰斯顿来说，知道每天的日期也没有什么实际用途，但他仍想和日历牌上的时间保持一致。人类对预见能力及控制的需求早就不新鲜。早在中世纪，本笃会的僧侣们就认为，循规蹈矩是一个好的和虔诚生活的必要条件，于是他们每天在固定的时间敲钟，在固定的时间举行礼仪、诵读圣书、工作，并创造出一种被普遍认同的生活规律。

时间决定我们的生活方式，何时工作，何时吃饭，甚至何时庆祝。就像本笃会的僧侣们知道什么时候敲钟一样，每个人都为自己的生活制订了合适的时间表，当原有的时间表不适用时，就会被新的所替代。（新学期的课程表出炉后，你就很难记得原来的课程表是怎么安排的了。）有的时间表是随着季节交替而变化的，所以冬天和夏天的时间表都会有很明显的特点。另外的时间表是由所处的文化环境决定的，如果在一个随机的时间我被扔在所生活的街道上，要判断几点钟、星期几、几月，周围的自然环境和社会环境可以提供大量的线索。根据天空是否有太阳以及太阳在天空中的位置可以估计出大致的时间；如果街上的车和行人很少，理发店里也没人，说明这是星期天；通过气温、梧桐树上的叶子多少可以判断这是一年中的什么季节。

20

每年时间的周期规律变化帮助我们安排大脑时间。在学校里，课程表贯穿全年，给人的情绪产生持续的影响。美国精神病医生约翰·夏普（John Sharp）发现，每年夏天结束时，他的一些客户就会出现情绪低落的情况，这说明即使离开学校多年后，“开学恐惧症”还是会给人的情绪带来影响。令人惊奇的还有，在北半球春天的自杀率比其他气候温和的季节要高。这也许是因为当寒冷的冬天结束后，春天的到来并没有如人们预期的那样减少人的痛苦，从而使人产生深深的沮丧。

与你所预期的一样，生活的地理位置决定了四季变化的方式，人们对时间的态度在不同的国家和地区间也有不同。社会心理学家罗伯特·列文（Robert Levine）使用 3 个指标对 31 个国家的生活节奏进行了对比。首先，他观察了不同地方的普通人（走走停停逛街的人排除在外）在宽敞笔直的人行道上行走的平均速度，而且选择的街道并不繁忙，不会因为拥挤而让人不得不放慢脚步。其次，他想了解当地人的办事效率，于是用当地语言买了一张邮票，并计算从付钱到找零全过程需花费的时间。最后，他想知道不同文化中对守时的重视程度，于是他对 15 个城市的银行里的时钟的准确度进行了调查。结合以上三个因素，他对不同地区的生活节奏进行了综合评分。不出意外的是，美国、北欧和东南亚是生活节奏最快的地区，但列文也有一些意外的发现。在哥斯达黎加商店里买邮票的高效率使他们在生活节奏快速榜上排第十三名。（有趣的是这与我在哥斯达黎加买邮票时的感受正好相反，不过这就是我们要做系统性研究的原因，而不能仅就单一的特例做出结论。）即使在同一个国家，碰到的事情也可能有天壤之别。对美国 36 个城市进行的调查中，在行人步行速度和时钟准确性上，波士顿都排在第一，而娱乐之都洛杉矶排在末尾，极为懒散的银行员工拖了它的后腿。人们都认为纽约的生活节奏应该最快，但在 20 世纪 90 年代初期进行的一次 90 分钟的观察中，研究人员亲眼看到街上一名行人遭到抢劫，另外一名则遭遇了小偷，这减缓了他们走路的速度。

21

在这项研究进行时，你会发现生活节奏最快的国家也有最发达的经济。人们不免产生疑问：经济发达和生活节奏变快，哪个首先出现呢？是因为经济发达地区时间的价值更高，所以生活节奏更快，还是因为快节奏的生活导致了经济的发达？毫无疑问，活力与快速有助于某些行业的发展，但这种帮助也有限度。不管你生产伞的速度有多快，但如果天不下雨，就没人

买它们。所以，最好将生活节奏和 GDP（国内生产总值）的关系看作是双向影响的。速度可以带来经济效益，发达的经济同 22
样需要人们工作效率更高，更守时。

令人惊奇的时间

大脑创造出的时间体验不仅流畅自然，也能与他人分享，并使生活保持协调。另外，时间从来不忘给我们带来惊奇。时间的迷人之处在于我们永远无法习惯它对我们变的戏法。人的一生都会不停地感觉到时间的扭曲。我们抱怨每周过得太快，而有的人则觉得过得太慢。坐飞机到一个时区较晚的地区，可以产生似乎被时间欺骗了的错觉——在生命中度过了两段相同的几个小时；而若反方向飞行，则会质疑那丢失的几个小时到哪儿去了。春天降临，进入夏令时，每天傍晚的时间越来越长，但心中还是会不安地认为自己被偷走了一个小时。而秋天来临，则会因回到冬令时间而使周末“额外”多了一小时产生小小的满足。每年在英格兰南部海滨城市布莱顿和法国亚眠的白夜节，就是为了解决如何使用因夏令时间结束而多出的一个小时而创办的。你可以去水族馆听音乐，也可以去酒吧狂欢。尽管很清楚所谓“额外”的一个小时只是在计时方法上做了手脚，我们仍能感到对时间的收获，这就说明我们和时间的关系 23
很大程度上是建立在脑子里创造的幻觉上的。

1917 年，波林（Boring，意即“无聊”，有趣的名字）夫妇进行了一项实验，他们叫醒沉睡中的人们，叫对方判断当时的时间。大多数参与者（包括波林夫妇自己）判断的准确度都在 15 分钟内。但不是所有人都能做到这一点。大多数人都会对时间感到困惑，但对于某些人，时间则是完全不可捉摸的。埃莉诺（Eleanor）是一位 17 岁的女孩，她告诉我她从来没法准确把握时间。她也意识到自己不能像别人那样判断时间的流逝。她早上醒来时——与波林夫妇的研究对象恰恰相反——完全不知道是几点，而且这种感觉会持续整个早上。她似乎无法感知时间的流动。“等到中午肚子饿了，我才能知道大概的时间。我总会有意识地寻找类似的信息来判断时间过了多久。”在学校里，同学们对时间的估计总能大概准确，而她对时间的判断经常会差几个小时。如果不看钟，她根本不知道是刚刚上课还是即将下课。因为感觉不到时间流逝，有一次她忘了看表，结果让去接她的妈妈等了很久。原来她基本上只会给耐心的父母带来一些不便，但学校里有考试的话就不一样了，无法感知时间会带来更多麻烦。别的同学会合理安排做每道题的时间，而除非埃莉诺不停地看表，否则她就不知道什么时候该做下一题。这一例子说明每个人对时间的概念并不是相同的。埃莉诺还被诊断患有失读（读写困难）症，这也许与她感知时间的困难有关。失读症与时间感知障碍两者之间有趣的联系，在后面讲大脑如何测量时间时还会提到。

对埃莉诺来说，时间令她感到惊奇。而在有些情况下，时间同样也会让我们感到不安。一不留神就消失的周末，快速长大的别人家的孩子，在机场登机口排队时的绝望，都给人带来疑惑与焦虑。如果你在看一场足球比赛，在最后 5 分钟时，你支持的球队领先或是落后会极大影响你感觉到时间流逝的快慢。如果你支持的球队 0 比 1 落后，5 分钟根本不够用；如果你支持的球队 1 比 0 领先，时间似乎伸长了，对方球队似乎有更多的时间扳平比分。一段旅途的回程总是比出发感觉更短，因为填充这段时间的记忆减少，熟悉的景色让人觉得路程的距离都变短了。除非如19世纪哲学家和心理学家威廉·詹姆斯（William James）所发现的一种情况：你丢了东西，沿自己的路线一路找，那么这段路似乎就没有了尽头。这就是时间对我们耍的把戏。

孩子慢慢长大，他们也会逐渐认识到时间的神秘。我曾经问一对兄弟他们对时间的流动有什么发现，8岁的弟弟伊桑说："刷牙时的2分钟好长，但看电视时的2分钟就过得太快了！"[25] 10岁的哥哥杰克说："坐在车里等人购物回来比自己去买东西的感觉慢多了！"小孩子都知道时间流动的体验是十分主观的。我们对时间的感知甚至会因为身体状态受到影响。心理学家约翰·巴格（John Bargh）做过一个实验，他请志愿者们做填词游戏，并记录下他们做完试验后走向电梯花的时间。一半参与者做的题目中都是普通的日常词汇，另一半参与者的题目中含有与老年人相关的词汇，例如"灰白""宾果游戏"。当后者做完实验离开然后走向电梯时，关于老年的微妙暗示甚至影响了这些参与者对时间的感知，他们走路的速度都变慢了。[7]

那么导致时间扭曲的主要因素是什么呢？首先是情感。看1个小时的牙医和在规定时间前的1个小时赶工是完全不同的体验。观察一些面孔安详的照片，我们可以很准确地估算自己看它们用了多少时间；看一些惊恐面孔的照片，我们则很容易高估观察的时间。然而，关于情绪的力量如何影响对时间的知觉有一个最好的例子——求生的挣扎会使时间变慢，就像贝里从高空坠落时那样。当对生命产生真正的恐慌时，1分钟可以感觉有15分钟那么长。

恐惧令时间变慢

约翰斯顿早就知道在加沙地带的外国记者容易遭到绑架，事前他甚至在脑海中预演了这种不测。当那天来临时，看见一个持手枪的人从一辆车里出来，约翰斯顿的第一想法是：“原来被绑架的感觉是这样，这次可不是想象了。”随后一段时间内所有的事情都变慢了。“这好像是在一旁看着你自己经历这一切。”约翰斯顿对我说。

26

在被抓了几个星期后，绑匪给了他一台收音机。一天晚上，他从BBC世界广播频道的新闻节目里听到一则消息，让他觉得时间更慢了。“他们说我已经死了。”约翰斯顿认为这也许是绑架集团提前向外界泄露了消息。也许他们计划在今晚杀了他？“看起来他们更有可能希望我活下来，因为这对他们更有用，但当你独自躺在黑暗中，突然听到他们告诉全世界他们已经杀了你的消息，心中难免怀疑他们是否打算真的这么做。也许就是今晚。”对约翰斯顿来说，那是被俘的4个月里最长的一个夜晚，时间毫无疑问变慢了。

当人害怕自己会死去时，无论是遭遇约翰斯顿的险境，还是像贝里那样从空中下坠，抑或是遭遇车祸，他们都表示那段过程时间感觉上比实际要长许多。不知怎么的，他们可以在几秒内仔细思考很多问题。他们回顾过去的人生，对未来进行展望，与此同时还能在记忆中搜寻任何可能帮助他们求生的信息。恐惧造成时间变慢的这一理论是很成熟的，只要存在恐惧，在没有生命危险的情况下也可能造成时间扭曲。有蜘蛛恐惧症的人若被要求注视蜘蛛45秒（我很惊讶他们会答应进行

27

这个实验），他们会高估这个过程的时间。跳伞新手也有这种情况，看着别人跳，觉得时间很短，轮到自己时，他们的动作变慢了，也会高估自己在天上的时间。

把人从楼顶扔下

这种时间的“减速”究竟是一种幻觉，还是因为生命受到威胁时的恐惧让我们处理时间的方式变慢？如果恐惧能使大脑处理时间的方式产生不同，那么我们就应该能看清那些变化太快而无法在平时通过肉眼识别的画面了。为了验证这是否正确，只需把人吓得半死的同时给处在惊恐中的他们做个测试就行了。有一个人很清楚该怎么做（这似乎是时间知觉研究中的某个主题），而且已经准备好和那些勇敢的志愿者共同进行一个非凡的尝试，以达到目标。

实验当天狂风大作，这再好不过。对于站在一座得克萨斯州摩天大楼楼顶的 23 名勇敢的志愿者来说，楼顶的狂风给本来就充满恐惧的他们又增添了一分焦虑。如果实验要得到预期的效果，恐惧就得货真价实。实验的负责人，休斯敦贝勒医学院（Baylor College of Medicine in Houston）的神经科学家，同时也是畅销书《生命的清单：关于来世的 40 种景象》（*Sum*）的作者戴维·伊戈曼（David Eagleman）警告参与者在轮到他们爬上位于楼顶高达 33 英尺（约 10 米）的铁笼前，应和楼顶边缘保持距离。他通过无线电与距楼顶 150 英尺（约 46 米）下的工作小组保持联系，确保万事俱备。他又朝向一排拥有巨大屏幕的电子表，这些电子表被设定为屏幕上飞快闪动着不断随即变化的数字，且屏幕上数字闪动的速度极快，以至于

28

常人用肉眼去看就是一片模糊。伊戈曼想知道恐惧是否能提高人的感官处理速度，让他们能分辨那些在平静状态下无法识别的信息。也许不是恐惧让时间延长，只是我们的脑子变快了。

伊戈曼之前曾做过类似的实验，他请志愿者坐上过山车，但志愿者们似乎都没被吓到，反而都玩得挺开心。这次，伊戈曼打算来点更刺激的——自由下坠。伊戈曼知道除非自己首先亲自上阵，不然志愿者们才不愿意从高楼往下跳呢。伊戈曼绑好安全带，绳子另一头拴在摩天楼边缘，然后背身跃下（从正面跳下去还不够刺激）。随后他又重复跳了两次。在第 3 次自由下坠前，伊戈曼以为也许这次不会像头两次那么吓人了，但并非如此。事后他告诉我："我还是吓坏了！"在勇敢的伊戈曼亲自完成自由下坠后，一位年轻的志愿者杰西·卡鲁斯（Jesse Kallus）也愿意试一试。卡鲁斯到达下方安全设施的前一刻，他下坠的最快速度达到了 70 英里每小时（约 112 千米/小时）。

所有参与实验的志愿者都表示：感觉时间似乎变慢了，下坠使每一秒都长得难以忍受。这说明伊戈曼的实验成功地让志愿者主观上产生了时间变慢的感觉。这说明实验的第一要素实现了，希望产生的造成参与者主观认为时间减速的目的达到了。但在这种情况下，志愿者们还是无法看清电子表屏幕上飞快闪过的数字。由此，伊戈曼证明，恐惧没有使时间真的变慢，也没有使大脑的感官处理速度加快，变化的是对时间的感知——就是大脑里的时间。

那么这是如何产生的呢？恐惧能够深深地留在记忆里，而记忆又是使大脑时间产生扭曲的一个关键因素（本书随后还会提到）。请人们观看一段时长 30 秒的抢银行视频，两天后，观看者对这段视频时间长度的估计比实际长了 5 倍；而视频内容越令人不适，观看者就会越高估视频的时间长度。[8]现实中度过一段紧张的经历，事后我们往往能够回忆起每一个看到、听到，甚至闻到的细节。这些记忆的新鲜程度与丰富程度强烈地影响了我们对这段时间长度的感知。我们习惯于把不同容量的记忆分别对应于大小相应的时间框架中，通常情况下这不会出什么问题，但在一个惊心动魄的时刻里，高强度的经历会产生更多的记忆，每一秒都有新的刺激，这就使我们认为这段经历[30]比实际花费了更多时间。例如，在一场车祸中，人的感官被放大，在这种紧张情况下，大脑会关注每个与求生有关的信息，同时过滤掉那些无关的信息，如周围的风景、电台播放的音乐、路过车辆的数量等，而这些被忽略的因素都是通常情况下我们判断时间长度的线索，一旦这些因素被去除，时间就会又一次产生扭曲。

更丰富的记忆以及通常判断时间长度的线索，这两个因素的结合是否就足以让人感觉到时间如此显著地变慢？对此有一个更大胆的解释——即是否存在一种大脑处理时间的方式，使大脑觉得时间变慢了呢？如果大脑对时间的感知源自大脑对自身活动的监测，那么在紧急情况下大脑活动加快，人们会记下更多节拍，就会认为时间过了更久。因此如果大脑正在紧张地为了求生而加快运转，大脑中的时间也走得更快了。我将在下一章继续讲到这个问题。另外还有一些奇怪的因素能够扭曲时间，生命受到威胁、大脑加速运转的时刻并不是时间变慢的唯一情况。相反，那些毫不引人注意的、无聊的时刻，和其他经历一样，也有类似但不那么明显的时间扭曲的效果。

不太友善的实验

你来参加一项研究，你知道实验地点在心理学系，但并不了解具体内容。现场还有 5 名其他的参与者，他们身上都佩戴着名签。所有人看起来都很友好，只是你不确定接下来要干什么。负责实验的女士要求大家首先互相了解，并给出一些话题供大家讨论，包括自己最想去世界的什么地方、最尴尬的时刻，以及如果有神灯希望实现什么愿望。很快你们便开始愉快地互相交流，谈论起自己最尴尬的事情，例如有次去参加朋友婚礼前，在家梳头时把电梳卡在头发上没有察觉，于是头上挂着一把梳子走在街上（这是发生在我身上的事）。研究人员说，接下来的实验要求两人一组，为了实验进行得顺利，分组前每人还要写出自己最想选择的两名搭档的名字。很简单，你把名字写好，交给研究人员，等着看谁会和自己搭档。但当研究人员叫到你的名字，并告诉你没有任何其他参与者在纸条上写下你的名字时，他们的表情有点尴尬。他们说这个情况在以往的实验中都非常罕见，也许你最好独自一人一组进行实验。你感到诧异，而且感觉自己受到了伤害。但你安慰自己，陌生人怎么看你根本不重要，何况自己也不喜欢他们。你决心不向任何人表现出难过，并尽可能好地完成实验任务。任务的第一个内容：研究人员启动秒表，过一会儿按下暂停，要你猜表上显示过了多长时间。

正当你一人待在房间思考为什么其他人都不喜欢你的时候，你有所不知的是其实其他参与者也都被单独分配到一个房间进行实验。一半参与者得到了和你相同的理由，而另外一半，研究人员告诉他们，他们太受欢迎了，每个人都写了他们的名字，研究人员不知如何是好，只能让这些万人迷单独实验，以示公平。这个实验看起来很残酷，但这还不是最坏的部分。接下来的实验中，研究人员会告诉参与者，他们填写的人格调查问卷表明，尽管他们可能会结几次婚，但没有一个能长久，他们很可能孤独终老。在这里我要补充，在实验结束后，研究人员会告诉所有参与者，之前实验中对他们的一切评价都是虚构的。

这项研究的有趣之处在于，几个陌生人不喜欢你，就会改变你自己的时间知觉。“受欢迎组”对40秒的估计平均为42.5秒，“被拒绝组”对40秒的估计平均为63.6秒。[9]尽管20秒的差距看上去不大，但背后的差别是很明显的。被人拒绝让这些参与者对当下的每件事情都变得更敏感，他们的痛苦使时间延伸了。

对被拒绝与时间知觉的研究源于心理学家罗伊·鲍迈斯特（Roy Baumeister）的工作。鲍迈斯特主要对有自杀倾向的人进行研究。处于这种状态下，人的心理容易进入“解构状态”，他们内心感到强烈的麻木，对未来很少或根本没有期望，并且认为就算活着，生活也难有起色，选择死亡也不会有严重的后果。打算自杀的人都处在一种非常特殊的心理状态中，在这种状态下，他们对时间的感知也产生了扭曲。从这种心态来看，就可以了解为什么自杀者留下的遗书通常都只有寥寥数语。美国社会学家埃德温·施耐德曼（Edwin Schneidman）1959年在洛杉矶郡验尸官办公室的资料库里找到了大量自杀者留下的遗书，此后他便对它们进行了超过25年的研究。他决定将事业放在该项研究上，深入了解自杀者的心态。在他的研究分析中，也许并不令人意外的是，自杀者的遗书里使用第一人称单数代词的频率远远高于其他类型文件，而且表达出的观点和深度也令人失望。经过25年以上的研究，施耐德曼总结出：“尽管这也许是自杀者在一生中心里最绝望的时刻写下的语句，但内容却出奇的普通、平淡，有时甚至是令人心酸的平淡与沉闷。”[10]后来，他认为微不足道的语言里有时可能也蕴含了丰富的信息，但他发现绝大多数遗书里几乎没有给活着的人留下什么信息。甚至自杀者里只有1/3留下了遗书。有点不近人情的是，施耐德曼认为那些即使留下遗书的人平时说话也基本上言之无物。他毫不掩饰自己对遗书内容的失望与遗憾：“如果一块牌子上写着‘麻疹病人隔离区’，这样的人可能会在旁边写上‘内有传染疾病，请勿入内’。”他认为那些准备结束自己生命的人处于一种被改变的心理状态，在这种状态下，求死成为他们唯一的念头，时间发生了扭曲，他们也无法过多地表达自己的心理活动。悲剧的是，自杀者的亲友急切寻找的正是他们做出极端行为的原因。施耐德曼表示，人们认为自杀者在临死前可能会给他人发出特殊信息，这种想法也过于乐观了。但为了避免让大家认为施耐德曼是个对自杀者缺乏同情心的人，需要强调的是，他为推动自杀预防工作做了大量努力。他在1958年与人合办了洛杉矶自杀预防中心，该中心在1962年因提出玛丽莲·梦露的死因“可能是自杀”的结论而声名大噪。

就算没有自杀的念头，情绪低落的人也可能会感受到时间的扭曲。在一段低落情绪中，现在和过去是思考的中心，而有希望的未来则几乎无法想象。英国心理咨询师马修·布鲁姆（Matthew Broome）经常在他的患者身上发现这种情况。有实验研究证明，情绪低落时，人对时间的估计是正常状态下的估计的2倍，也就是说时间慢了一半。我不禁怀疑有些情绪消沉的案例是否可以看作时间失调症的一种，抑或时间变慢是情绪消沉带来的一种结果，这使情绪低落的状况更持久，更难以摆脱。布鲁姆表示，我们知道睡眠不足和光箱的效果都是通过影响生物钟从而提高人的情绪。[11]而当一个人情绪低落时，今天和明天都相互束缚，沉浸于苦难中。[12]这个现象如此明显，以至于哲学家、心理咨询师马丁·威利（Martin Wyllie）建议将此作为一种心理诊断的额外手段，心理健康专家可以请咨询者估算整个咨询过程的时间。我觉得让他们估算一下 1 分钟的长度即可，如果 40 秒对于他们来说像 1 分钟那么长，说明时间拉伸了。一个心理咨询者觉得时间过得越慢，说明他的心理问题越严重。

在最焦虑的癌症病人身上，时间也会变慢。心理物理学家马克·维特曼（Marc Wittman）发现他们经常高估两个节点间的时间，并表示时间变慢了。对死亡的凝视令他们把注意力放在时间的流逝上，这导致时间的延长。[13]相反，对于那些存在意识与现实脱节症状的病人，例如精神分裂症患者，时间能以多种方式产生扭曲：时快时慢，不停重复，甚至完全静止。科塔尔综合征则会使时间感知的扭曲达到极致。科塔尔综合征以1882 年首先对它进行描述的法国神经科学家的名字命名，是一种罕见的心理极端消极状态，病人初期表现为情绪低沉，发展到后期会否定一切，包括对身体的主要器官的所有权、建立家庭、未来，甚至存在。1882 年，朱莱·科塔尔（Jules Cotard）在他的一个病人记录中写道："她说她什么也不是了，她恳求我将她的静脉切开，这样就可以看到她身体里没有血液，也没有任何器官存在。"[14]感觉上，这是时间扭曲的终极状态。对过去和未来没有任何感觉，随后被诊断患有科塔尔综合征的病人里，有3/4 的人相信自己已经死了。[15]这是一种极罕见的症状，但接下来我们也将看到，时间知觉的困难会发生在更常见的情况下。

过于活跃的时间

他不肯安静地坐下。他显得很烦躁，无法集中注意力。他不耐烦地四处走动，始终心不在焉。也许任何普通孩子都符合以上描述，但实际上有很大区别。被确认患有注意力缺陷多动障碍（Attention Deficit Hyperactivity Disorder，ADHD）的孩子出现以上行为的频率远远高于同龄的普通孩子，而直到最近才有研究发现，时间知觉上的缺陷可能是造成这一症状的关键。患有注意力缺陷多动障碍的孩子关注的只有现在。他们很难在事前思考自己的行为可能造成的后果，而且就算是短暂的等待，都认为是一件极为痛苦的事情。这可能是因为我们觉得只有5分钟的时间，对他们来说感觉就像是1小时，所以被要求坐下等5分钟，对他们来说都是一件相当困难的事情。在实验室的研究中，被诊断患有注意力缺陷多动障碍的孩子们很难准确估算时间。他们对时间的体验似乎与普通孩子不同。当要求他们在心中数3秒时，他们完成的时间远比实际的短，也就是说，如果你患有注意力缺陷多动障碍，时间就过得非常慢。这个现象在患有注意力缺陷多动障碍的孩子们身上极为常见，以至于伦敦精神病学研究所的认知神经科学家卡提亚·卢比亚（Katya Rubia）用时间估计测试成功地对70％的注意力缺陷多动障碍病例进行了正确分类。考虑到目前对注意力缺陷多动障碍的诊断尚没有确定性的判断依据，主要是专家通过观察孩子们的行为得出诊断结论，因此卢比亚的方法相对来说相当有效。

引人注意的是，3％～5％的儿童都患有的最常见的儿童精神失调症，都可以归咎于时间感知问题。它存在多种表现形式。如果我问你，是要现在我给你的100英镑还是1个月后给你的200英镑，绝大多数的人会要一个月后双倍的金钱，但是对患有注意力缺陷多动障碍的人来说，被延后的满足是没有吸引力的。有实验让患有注意力缺陷多动障碍的孩子们观察一个红灯，看到灯亮后等 5 秒按下身边的按钮，就可以拿到奖励，但他们看到红灯亮起就迫不及待地按下了按钮。有注意力缺陷多动障碍的儿童很难耐心等待，并且经常做出一些不成熟、不考虑后果的举动。就在我们力争尽可能地努力活在当下的时候，这些孩子们则过分地沉浸在当下。

如果注意力缺陷多动障碍是一种时间感知失调，我们能否通过改变儿童对时间的感知，来减轻注意力缺陷多动障碍的症状呢？现在的干预疗法主要集中在行为干预和帮助儿童在行动前进行思考，但卢比亚打算研究出一种认知行为疗法，让孩子们学会等待，学会延期。我将在第五章再次回到这个话题。现在遇到的困难是：如果一个孩子感知时间的方式与众不同，教他学会等待并不能从根本上解决问题。他们可能学会忍受时间的折磨，但 5 分钟感觉像 1 小时，这并不会发生变化。他们可能会学着更有耐心，但那不还是一种时间上的痛苦吗？对此，[38]卢比亚保持乐观，她认为大脑具有很强的可塑性，如果她能改变孩子们的行为，就最终会让他们的大脑和时间知觉产生改变。她已经发现常见的注意力缺陷多动障碍治疗药物哌甲酯就能够改善人感知时间的能力，以及计算毫秒级时间的能力。也许学会等待能提升孩子们对时间判断的精确度。正如卢比亚所说：“如果你从不愿等待，你可能就无法学会正确估算一段时间的长度。”

总而言之：目前已经清楚地了解到注意力缺陷多动障碍、极度的恐惧、被拒绝、无聊和消沉的心态都能造成时间变慢的感觉。下面造成时间延缓的情况则更加令人彻底地感到惊讶。

为了时间的潜水

20 世纪 60 年代中期某年一个炎热的夏日，在塞浦路斯的法马古斯塔海湾，14 名水肺潜水员（包括 6 名新手和 8 名皇家工程师）准备进行一次潜水活动。那是一个快速发展的旅游胜地，新建的酒店拔地而起，准备迎接前来度假的富豪名流。沿着沙滩挖掘的考古遗迹中，渐渐露出一些完美地排列成正方形的石柱，描绘了出古老竞技场的轮廓。传说在 4 世纪，国王为了不让萨拉米斯宫殿落入埃及人之手，宁愿将其烧毁。但这 14 名潜水员并不是来参观古迹的，也不是为了海底的石斑鱼和琵琶虾。他们来是为了参加一项关于时间的研究。实验开始时，潜水员先坐在船上，往嘴里塞进体温计测量体温，并同时测量脉搏。随后，他们要在心里估算 1 分钟的长度。接下来，一位皇家工程师将给潜水者一个塞满 1 盎司（约 28.35 克）火棉的炸弹并点燃引线。潜水者需要带着这颗炸弹潜至 15 英尺（约 4.5 米）深的水底，将炸弹安置在法马古斯塔海湾水下众多沉船残骸中的其中之一上，随后浮上水面，返回船上，并重复下水前的体温、心跳测量和时间估计测试。但有趣之处在于，潜水者被告知，如果海底的炸弹没有在既定时间内爆炸，他们必须回到海底将炸弹取回。爆炸货真价实，因此这给实验增添了几分焦虑的氛围。实验的组织者是阿兰·巴德利（Alan Baddeley），他后来成了英国最著名的记忆研究领域专家。他在塞浦路斯进行的这个实验是早先在 3 月寒冷的威尔士海域进行的一项实验的后续研究。他发现（预料之中的），潜水者下水后体温降低，而他们越冷，对 1 分钟的估计就比实际更长。也就是说，他们的感知时间比现实时间过得更快（别搞糊涂了，记住如果感觉时间变慢了，人会把 1 分钟估计得更短，比如才过了 40 秒，就觉得 1 分钟到了）。但也有一种可能是，下水前的焦虑可能使人事先感到时间变慢，而不是下水后感觉时间变快，这也可能解释跳水前后对时间感知不一致的现象。于是，他将实验的时间和地点改在 8 月的塞浦路斯，在这里潜水几乎不会引起人的体温变化，但炸弹的存在使潜水者更加紧张了。在塞浦路斯的实验中，潜水员在跳水前后对时间的估计几乎没有差别，这支持了他在威尔士得出的关于温度是影响时间感知的主要因素，而不是焦虑。[16]

30 多年前，一次美国心理学家哈德森·霍格兰德（Hudson Hoagland）的妻子患上了流感在家卧床休养，尽管霍格兰德在旁悉心照顾，但妻子仍责备丈夫经常在需要的时候不在。实际上，丈夫只是偶尔出去几分钟。霍格兰德怀疑妻子对时间的感知出现了偏差，于是便找机会对她进行时间知觉测试并测量她的体温。妻子的发烧造成体温急剧变化，每当体温计出现一个新的度数，他就要求妻子在心里读秒，自己则在一旁用秒表记录 1 分钟后妻子的读秒数，观察妻子判断的精确度。为了保证实验数据有效，每次测完体温，霍格兰德都要求妻子重复五次读秒任务，也就是说，生病的妻子在 48 小时内为实验进行了 30 次测试。[17]

霍格兰德不仅发现自己的妻子是一位有耐心的病人，能同意且不厌其烦地一遍又一遍地重复同样的测试，他还发现妻子体温越高，她认为 1 分钟到得越早。当妻子体温达到 39.4 摄氏度时，妻子眼里的时间急剧变慢，实际上仅仅过了 34 秒，她就数到了 1 分钟。

霍格兰德的游说能力肯定一流，因为在随后的试验中，他还说服了一名学生参加透热疗法实验。透热疗法是将人的身体紧紧包裹，并用电流人工地将实验者体温升到 38.8 摄氏度。要知道人体温度一旦到达 40 摄氏度就被认为有潜在的生命危险，这名学生当然也很紧张。霍格兰德的记录中提到，这位学生在实验开始时做的时间估测结果不太稳定。当学生的情绪稳定下来时，他对时间的感知开始和霍格兰德的妻子发生相同的变化，即随着体温升高，时间变慢。虽然霍格兰德的实验对象只有 2 个人，但巴德利后来的对潜水者的研究也证实了体温可以造成时间体验的扭曲。

每天 5 次，连续 45 年

下面这个造成时间减慢因素的发现，需要研究者具有巨大的奉献精神，这也是该项领域研究的特殊性造成的。罗伯特·B. 索森（Robert B. Sothern）是一位生物学家，自从 1967 年起，他便日复一日地每天对自己做一系列的测试。他每天都要做 5 次不看钟估计 1 分钟时间长度的测试，还要测血压、体温和心率以及手眼协调性，同时还要评估自己的心情与活力。有 19 年的时间，他甚至每天还对自己的父母做同样的测试，而且在几十年里他每天还要记录自己的握力和尿量。他的这一习惯始于一次他志愿参加的一项从美国奔赴德国进行的实验。在德国的实验里，他在一个地下室住了 3 个星期，期间没有任何方式记录时间。这次经历使他产生了研究自己的生活节奏如何随着年龄增大而变化的想法，研究的对象是最积极的参与者——他自己。还能从哪儿找到一个比自己更有动力、更认真尽责的研究对象，不管是生病还是度假都风雨无阻地完成每天的研究呢？索森现在已经累计了 72 000 次实验记录，而且还告诉我，他没有停下来的打算。

索森的主要目的是研究医学治疗的时机如何影响它的效果。是早上、晚上，还是一个月中特定的一天里进行的治疗更有效？他承认自己在这个方面的见解遭到了医学团体的质疑，而且由于研究样本缺乏，这样的质疑估计不会消失。但吸引我的地方是该研究是一个副业。他几十年如一日的时间估计测试揭示出了另一个使时间变慢的因素——青春。在德国的隔离实验中，他感觉时间变慢了；但过了 30 岁后，一切朝相反方向发展，他感觉时间渐渐变快了。[18]随着人们变老，这是一个普遍的感觉，我将在稍后详细讲述这个问题。

如何使时间静止

那么情感、恐惧、年龄、被孤立、体温和被拒绝都会影响对时间速度的感知，而专注力或心理学语境下的“注意力”也有相同的效果。如果房间里挂着一个时钟，它的秒针是一格一格走动而不是平滑转动的，抬头盯住钟面，看看能观察到什么。如果碰到恰当的时机，你会感觉秒针静止的时间超过了 1 秒钟才开始走动，似乎秒针停住了，过了一会儿才重新开始走动。这就是“停表错觉”（chronostasis）的一种表现，即感觉时间停止的幻觉。如果你一开始没有这样的发现，多抬头看几次钟，你肯定可以感觉到。对于这种幻觉，传统上的解释是：为了避免眼睛在看不停变化的事物时因视线对焦而产生模糊，在我们转动视线的时候，大脑会同时短暂压迫我们的视觉，这样就使我们看到的万物都像电影一样平滑。作为对压迫视觉过

43

程的时间补偿，我们感觉房间里的东西静止了也不是没有道理的。转动的秒针欺骗了我们的大脑，或许这是一种推论。这种解释的问题在于“停表错觉”也会在其他感官中发生。一个类似的现象叫作“坏电话错觉”。有的电话拨号声在一声长长的“嘟”后，会有一小段停顿，再有一声“嘟”，如此重复。如果你拿起听筒放到耳边的时机刚刚好，就会感觉中间的停顿很长，好像电话坏了一样。

那么注意力与时间的扭曲跟这有什么关系呢？研究员阿梅利亚·亨特（Amelia Hunt）对“停表错觉”提出了另一种解释，他把目光投向了注意力对时间知觉的影响上。我们可以准确抓住飞来的球，安全地在路上开车，这都依赖于我们持续地精准掌握时间的能力。但是直接的计时任务却更困难。[19]亨特对停表错觉的解释无关视觉，而是完全与注意力有关。她认为时间之所以发生扭曲是因为当我们环视房间时，我们的注意力会放在新鲜事物上。当我们把注意力放在某个特定的事物上，就算是钟表这种简单的东西，都会造成持续了更长时间的印象。注意力因素同样可以解释为什么无聊会使时间变慢。大哲学家、心理学家威廉·詹姆斯在19世纪的著作中就提出，当“我们关注时间流动本身”时，就会产生无聊。为了体验这种感觉，他建议你闭上眼睛，找个人提醒你什么时候过了1分钟。试试看，那感觉有好几年那么长。而且如果1分钟之前你是在听音乐或听讲座，那么接下来安静的1分钟会显得更长。类似地，注意力也能解释为何被拒绝会令时间变慢，因为被拒绝后，人会把注意力放在自己和自己的缺点上，这样时间就被拉长了。

不管是从空中坠落还是看钟表，我们越来越清楚地看到，我们与时间的关系不是那么简单直接的。注意力只是一个方面，人们对时间共同的理解是另一个。在下一章，我将探究大脑在人体没有一个专门感知时间的器官的前提下，通过何种方式计算时间。

我们现在还把查克·贝里留在新年第一天的天空中呢，他[45]的滑翔飞行碰到了大麻烦。现在，他肯定坠毁在地面上了。站在皇冠峰上的一帮贝里的滑翔爱好者朋友们已经听到了撞击声。他们看到机翼从滑翔机上断落，贝里从空中掉下，好像还抓着身后的滑翔机残骸。然后，他就消失了。为什么他没有打开备用降落伞？没有它，贝里必死无疑。

要想的东西太多，贝里也没感觉特别害怕了，即使时间被延长了，也不够让他用来恐惧。他拼命地伸长手臂，终于抓住了他想要的——在风中摇摆的降落伞拉杆。他用力抽拉拉杆，希望张开的降落伞能拉住他并使他能在伞下缓缓摇动，得到一刻安稳，就像是被一个巨人捡起再放回摇篮里一样。但这并没有发生，他下落的速度稍微减慢了，但他知道这还是太快了。他抬头向上看，才知道原因，这是一个很小的、圆形的老式降落伞。“是类似诺曼底登陆时盟军伞兵的降落伞吗？”事后我问他。“像，但比那要小 10 倍！”他答道。那时他才开始害怕，害怕做了这么多努力，他还是不能避免摔到地上。如果落地点有树就好了，通常他会尽一切努力避免降落到树上，但这次从 2000 英尺（约 610 米）的高空这样高速落下，树枝的缓冲是他生还的唯一希望。但附近也没有树，只是在皇冠峰陡峭的山坡上生长了一些灌木丛。时间开始变得令人痛苦的缓慢，现在一切都变了，速度太快，没有办法改变方向，他径直摔进了灌木丛里。

半小时后他仍躺在地上，身上缠着驾驶舱的残骸。他记不清自己怎么会在这里，看看身上的衣服他知道刚才自己是在滑[46]

行，但他现在被困在一个山坡上，滑翔机也不见了。随后，他发现“雨燕”的翅膀散落在山的更高处。

贝里身上的卫星定位设施无意中为时间知觉提供了素材，它和贝里一样劫后余生。事故中贝里的感觉是一种情况，GPS和它记录的准确数据表现的是另一种情况。贝里说：“下落过程好像持续了一辈子，那是最长的时间。”实际上这段“永恒的”下坠过程只持续了10秒，带着小降落伞撞向地面的过程花了5秒。事故后的第一时间，贝里还记得给皇后镇的航空交通控制塔打电话报告了这起事故。贝里只记得自己打了一个电话，但通话记录显示他向控制塔报告了两次，说明他当时要么是脑震荡，要么就是糊涂了。他躺在高高的半山腰，等待救援。救援队过了40分钟才找到他，但这时时间又欺骗了贝里：它变快了。他以为只过了10分钟救援队就来了，因此兴高采烈。“能活下来我太高兴了，真的，没什么比这更好了。”关于伤情，他对我说：“我的头被撞了一下，还感到手腕有些刺痛，就这些。”

贝里把大难不死归功于自己多年的跳伞经验。对他来说，空中自由落体是家常便饭，因此他并不感到惊慌。事故后他也没有放弃这项冒险运动，现在他正在建造自己的飞机。贝里认为20年的跳伞经验改变了他对时间的认识，不仅仅是在意外发生的时候。对大多数人来说，5秒是一眨眼的时间，但他知道这段时间在空中可以下落1000英尺（约305米）。现在，他认为5秒是很长的一段时间。他的经历是一个很好的例子，说明每个人都会在大脑中创造自己的时间知觉。要了解如何做到这一点，我们就必须研究大脑计算时间的方式。

Chapter 2

头脑时钟

51

闹钟在早晨5点响起。在雨季的哥斯达黎加，每天的倾盆大雨就像有人打翻了天上的水缸，让人早已习以为常。但这个早晨却晴空万里，是一个进行鸟类旅行观察的好天气。

里奇准时到了，他花了几分钟仔细将他的蓝色花手帕叠成了一个海盗头巾，将它套在一顶棕色鸭舌帽上，并将鸭舌帽朝后戴在脑袋上。他的头饰上画着细枝、树叶和鸟的羽毛。灰白的头发从帽檐下露出，饱经风霜的脸庞上散布着灌木丛般的灰白胡须。我们的向导是个冠军组合：一个塔法里教教徒和英国博物学家大卫·贝拉米（David Bellamy）。

里奇和多数哥斯达黎加人一样，是多种族混血。他身上有部分非洲加勒比人血统和部分当地的血统。他从小就和他的小伙伴们一起抓鸟，并把它们养在笼子里。但和他的朋友们不一样的是，里奇从来不会残忍地对待鸟类。因为小时候祖母告诉 52 他要善待鸟类，要欣赏它们，给它们自由。长大后，里奇成了一名博物学家，现在他带领世界各地的人们前往哥斯达黎加的加勒比海岸观赏鸟类。

天刚蒙蒙亮，阳光还无法穿透云层。这种条件下很难看清鸟身上的颜色，但萨玛萨蒂度假村里已经充满了鸟儿的声音。一会儿后我们听到了犀鸟刺耳的叫声，还看到两只犀鸟飞过头顶。当它们停在远处一棵大树的顶端上时，通过双筒望远镜观察它们，可以知道为什么很多旅行社都用犀鸟作为它们的标志。这是彩虹巨嘴鸟。它们的喙上有红、绿、黄三色条纹，喙的上方有灰绿色条纹。在另一棵树上我们发现了一只红腰啄木鸟，它的动作和我小学时一支铅笔头上的弹簧玩具一模一样。

我们不仅仅看到了鸟。一个硕大的灰色不明物体深陷在一个光秃秃的大树的树枝中，仔细一看，原来是一只雌性二趾树懒，当然它在睡觉。里奇告诉我们它可以在树上连续待几天，只有到了每周的排便时间，它才会从树上下来。树懒对“厕所”相当挑剔，它们会像猫一样把自己的排泄物埋起来。然而这种对卫生的追求却要付出代价，许多树懒因为在地上方便而被狗杀死。

早上的温度慢慢升高，让人又感觉到熟悉的黏糊糊的潮湿。我们也有点疲惫。然后里奇发现了它。这就是我们专程来看的、一种有着最不寻常技能的鸟——棕尾蜂鸟。它非常小，甚至差点被归为一种会飞的昆虫。它比一枚大回形针还轻，可以盘旋在空中，弯曲的喙可以伸入花的柱头中。飞行时，它的[53]翅膀会以数字“8”型运动，速度快得让人的肉眼无法察觉。我们能看到的是它翡翠般的绿色脑袋和著名的铁锈色尾巴。

蜂鸟是世界上唯一一种可以向后飞行的鸟类。这很了不起，而同样令人着迷的是它掌握判断时间流逝的能力。就像人类能估算什么时候过了 20 分钟，蜂鸟也能。

蜂鸟找到一颗植物，便盘旋在空中，快速拍动翅膀，并将细针般的喙伸入花丛，将舌头伸入花长长的柱头，吸出花蜜。采集满花蜜后，它便会离开。为了保护自己的食物来源，棕尾蜂鸟会非常有攻击性地赶走进入自己领地的其他鸟类，它们还有另外一项技能保证自己抢先得到食物，即通过准确计算时间陷阱布网。利用时间陷阱布网，能让它们准确计算何时过了 20 分钟，即花重新充满花蜜所需的时间。有如此准确掌握时间的能力，蜂鸟能战胜其他鸟类首先抢占宝贵的生存资源。

蜂鸟能够准确估算 20 分钟的时间，是因为它们进化出了估算不同时间长度的能力，还是只能估算 20 分钟呢？为了找到答案，爱丁堡大学的研究员制作了一些能像真花那样自动补充花蜜的假花，与真花不同的是，这些假花重新充满花蜜的时间只需 10 分钟。实验室里的蜂鸟能够学会判断什么时候过了

10分钟吗？结果发现，它们能。[20]而且并非只有这种特殊的鸟类有这样的技能，普通的野鸽经过训练，也能相当精确地判断时间长度。

上章讲过，人类也有这种能力。我们能分辨出若干毫秒中的信息，从而帮助我们判断噪声来源的方向，也能试着猜测记忆中每件事情发生的年份。在本章，我将介绍各种关于大脑如何处理不同框架的时间的理论。感觉上，大脑内一定有个时钟不停地计算着毫秒、秒、分钟、小时，使我们能够判断时间。但目前不管是通过解剖还是越来越发达的大脑扫描技术，都没有发现任何感知时间的器官构造。就像爱因斯坦的相对论中提出不存在“绝对时间”的概念一样，大脑中也不存在一个绝对的计量时间的机制。

人体内确实存在生物钟，但这只用来控制24小时的昼夜节律，它并不能帮助人估算1秒、1分钟或1小时的长度。该领域的神经科学家正在研究在没有一个感知时间的器官的情况下，大脑究竟如何判断时间。

查克·贝里对时间的体验因高空坠落的恐惧而被延长了，霍格兰德夫人因为发烧感觉时间变慢，这些例子说明，很明显，不管大脑如何计算时间，这个系统都是很灵活的。上章中我提到的所有因素——情感、专注力、期望、一项任务的要求，甚至温度都对时间感知产生了影响。我们正在使用的感官也会产生影响，如一段声音比一段画面感觉时间更长。而且大脑创造出的时间体验非常真实，真实到我们以为可以对其做出预测，并且经常对时间扭曲带来的疑惑感到惊奇。

你可以轻易地用手机上的计时器对自己估算时间的能力做个测试，眼睛看向一旁，心中估算什么时候过了1分钟。很多人能做得很好，但具体也因人而异，另外随着年龄增长，我们判断时间的准确性也会下降。我们也很容易分心。如果只是专心听一首歌，我们能很准确地估计这首歌的长度；但如果听歌的同时要判断歌曲的音调，就会高估这首歌的长度。一般而言，容易感到无聊的人对1分钟的估计比一般人短，例如才过了30或40秒，他们就认为1分钟到了。

对类似任意研究的探讨可能都会令人迷惑，因为估算时间的方式有两种：一个是发生中的，即从现在开始对一段时间进行估计；还有一种是回顾中的，即叫人进行一项活动，活动完成后对这段时间的长度进行估计。如果时间对一个人来说过得很慢，他会低估发生中1分钟的长度；如果回顾一段已经发生的事情，他们又会高估这段时间。两者都表示时间过得很慢。假想你在看一场很无聊的演出，当你坐立不安希望剧间休息快点到来时，你会感觉时间过得很慢，可能实际过了40分钟，你就觉得过了1小时。当终于到了剧间休息，回想上半场演出，你认为那像是有2个小时而不是1个小时那么长。所以只看数字，40分钟和2个小时分别表示一个时间被低估和一个时间被高估，但实际上两者都表示时间过得很慢。

56

尽管大脑中没有一个单独的"时钟"，但已经发现有一些区域与时间感知有关，这些区域也都与时间体验有关。首先，从小脑开始。小脑位于大脑后侧下方，颈背以上，容量只占大脑容量的10%，但却拥有一半的脑细胞。小脑的主要功能是通过处理其他神经系统传来的大量信息，帮助我们协调运动。因为小脑，我们才能在每天早晨醒来时立刻知道自己身在何处（这种感觉叫本体感受）。这似乎听起来无足轻重，但看过伊恩·沃特曼（Ian Waterman），你就明白小脑的重要性了。沃特曼19岁时得了一种罕见的神经疾病，它阻断了身体向小脑传递信息的通道。虽然现在他又重新学会了走路和开车，但为了完成这些动作，他必须时刻看着自己的手臂和双腿，有意识地观察自己的身体，思考自己做的每个动作。类似手里拿个鸡蛋这么简单的动作，哪怕他只分心一秒，要么鸡蛋会掉在地上，要么他会把鸡蛋捏碎。

沃特曼的症状是因为他身体脖子以下的部分完全失去了小脑知觉，这说明他的边缘神经无法将身体的反馈信息传递至小脑。由于小脑处在大脑背后受到保护的位置，所以其本身受到创伤的情况比较少见。一旦小脑受到损伤，受影响的就远不止运动协调能力了，还有人将失去感知任何短暂时间的能力。

如果你趁对方不注意突然朝他的眼睛吹一小口气，他的眼睛马上会因为不舒服眨一下。如果事先给对方一个信号，就像巴甫洛夫的狗听到铃声就会流口水一样，对方在看到你要吹气前的信号时就会眨眼了。与巴甫洛夫经典的条件反射实验不同，这个眨眼动作需要准确的时机掌握能力，这是通过小脑完成的。有研究发现，小脑受损的人会失去这一能力，这个发现十分有用。2009 年一个研究小组通过对剑桥和布宜诺斯艾利斯的植物人进行研究后发现，眼睛吹气实验可以预测哪些病人可能有朝一日恢复意识。但是证明时间感知与小脑有关的最强有力的证据来自于一个更有戏剧性的技术。

给大脑通电

我被领进陈列室，看到屋子中间有一个老太太坐在椅子上，她看起来有些紧张。医生将一个看起来像是小孩生日聚会时玩的泡泡环的放大版金属环放在老太太的头上。金属环上接着长长的卷线，卷线另一头连着一个装有电气设备的推车。医生操着欧洲中部口音强调道："这绝对安全。"但我还是有点害怕，尽管他做了保证，我还是不由自主地觉得自己似乎身在一部科幻电影里，眼前这位疯狂的教授打算电死年迈的病人。

"看这个!"他一边说，一边将电线缠在自己脑袋上，顺便按下了开关。突然他的上嘴唇一侧开始上下抽搐，他露出狡黠的笑容："我还能做这个。"他将电线放到脑袋的另一部分，再次打开开关，这次他的一只手臂抬到空中，像是一个跛子在行纳粹礼。"你要试试吗?"他边说边带着电线向我走来，我知道我可不想做这种尝试。

医生展示的是一种温和的电休克治疗法时采用的产生惊厥的设备。这位老太太即将进行的是一种更平和的治疗——通过一种叫作经颅磁刺激（Transcranial Magnetic Stimulation，TMS）的技术，使用更低功率的线圈对大脑某一特定区域产生刺激。她来参加治疗是因为她有严重的抑郁，并有自杀倾向，但目前的其他办法都不能让她感觉好起来。

医生花了很长时间对她的头部进行检查，当他确定找到了正确的位置，便将第二个线圈放在老太太的头上，从 10 开始倒数，然后对老太太的头部释放一系列的电脉冲。老太太发出轻轻的呻吟，更多的是因为不安而非疼痛。尽管如此，她还是希望治疗能减轻她的痛苦。在临床实验中，很多人通过这种疗法减轻了抑郁，她想知道这种方法对自己是否有效。

这台设备对大脑局部进行精确刺激的功能不仅有临床治疗效果，也有助于识别大脑中的哪些部分与时间知觉有关。电脉冲能够在不引起长期副作用的情况下暂时关闭大脑特定区域的功能，而这提供了目前为止最有力的证明小脑与时间知觉有关的证据。当通过经颅磁刺激将小脑功能暂时抑制后，人们对时间的估计更困难了。更详细地说，它减弱了人判断毫秒级别时间的能力，但对于几秒钟的时间，人的判断没有受到影响。对长度时间的计算需要用到大脑的另外区域。

以为到了下班时间的人

在罗马市郊圣卢西亚基金会（Santa Lucia Foundation）的诊疗室里，一个男人正在等待吉亚科莫·科克（Giacomo Koch）医生。在20世纪60年代，这里是一所主要给经历战争的老兵提供治疗的医院，现在这里主攻神经学损伤，这个男人希望这里的专家能给他提供帮助。他只有49岁，但却发现自己已经没法集中注意力，并且连续好几天感觉自己身体虚弱无力。

这是个很有意思的病例。这个男人确信自己的身体肯定出了什么问题，但医生们无法诊断出可识别的症状。他们对他进行了大量测试。为了测试他的记忆力，使用了数字广度、柯西广度、Rey-Osterrieth复杂图形测验（即时回忆和延迟回忆测试）、文字超广度以及向前和向后测试等；为了测试他的视觉空间能力，采用了瑞文标准推理测验；为了测试他的集中力，采用了连线测验；为了测试他的语言能力，进行了言语流畅性和词组组织测验；为了测试他的决策能力，采用了伦敦塔测验和威斯康星卡片分类测验。医生们算出了他在所有测验中的得分后发现结果全部正常。又让他临摹一幅画、学习一组单词、完成常见的短语填空，结果仍然正常。[21]

但那个男人还向医生报告了另一个奇怪的感觉：他的头脑时钟和真实的时间似乎根本不同步。早上走进办公室，感觉做了一天的工作，准备回家时，却发现还不到午餐时间。在其他情况下，一件事持续的时间感觉上却比实际时间短很多，本来持续了 1 分钟，他觉得才过了 30 秒。

鉴于此，医生们对他进行了一些时间估计测试。为了得到合理的参照，还另外找来了 8 位也在 40 多岁的志愿者进行相同的测试。每个人都单独在一个房间里，坐在一台电脑前，电脑屏幕上每次随机出现一个数字，测试者的任务就是在每次屏幕上出现新的数字时将它大声读出来。这样可以避免他们在心里数着时间。这些结束后，他们要估计这段测试持续了多久。由于一次测试的结果可能受到各种偶然因素的影响而不准确，实验又用不同的数字把测试重复了 20 次。在每次测试中，这个男人的表现都比其他 8 位志愿者要差。他判断时间流逝的能力不知何故出了问题。

脑部扫描显示他的右侧大脑额叶受到了一些损坏，就是在靠近他头部前方右侧的位置。这为我们发现大脑中第二个与时间知觉有关的区域提供了线索，这一区域传统上认为与工作记忆（Working Memory）有关。工作记忆帮助你在阅读了一份食谱后，能记住上面列出的材料，然后去橱柜把它们取出。大脑额叶的前部，即位于前额后方的前额叶皮层，似乎尤为重要。

一项令人好奇的新研究发现，患有抽动秽语综合征（Tourette's Syndrome）的儿童比其他正常儿童更擅长估算 1 秒钟的时间。[22]这一发现又为证明大脑额叶与计时能力有关提供了新的证据。为了抑制抽动需要大脑前额叶皮层的活动，专家还发现那些尤其擅长抑制抽动的患有抽动秽语综合征的儿童更擅长估算时间。这说明为了抑制抽动而使用大脑前额叶皮质已给他们额外带来了时间感知的优势。

目前我们已经在大脑中找到了两处与时间知觉有关的区

域——位于大脑后侧下方的小脑负责感知毫秒级时间，位于前额后的大脑额叶负责感知秒级时间。当我们想判断更长的例如几小时几天这样的时间长度，但在没有钟表也不知道白天黑夜的情况下，又会是怎样呢？

62

完美睡眠

冰川在地下运动的方式与在地上运动的方式相同吗？这是1962年法国洞穴学家米歇尔·西弗尔（Michel Siffre）在准备进行一次地下探险时力求找到答案的问题。但等到他刚做好初期的准备工作后，却又开始思考一个完全不同的问题了，一个会对另外的研究领域带来革命性影响的问题。

他还是会按照计划进行探险，带上所有的装备，如帐篷、绳索、提灯、食物等，但在物品清单中去掉了一样东西——手表。他这次不打算记录冰川的运动，而是准备系统性地记录自己对时间流逝的感知。他想在不受外界干扰的情况下探索自己身体的自然节律。在他之前，这种实验最长只持续了7天，那是美国和苏联因为冷战而各自进行的为了研究在遭受核武器攻击后，人如何在避难所中生存而进行的实验。美国和苏联当时安排了自己的宇航员进行这样的实验。西弗尔之前也参加过这种实验，他曾经志愿报名参加了一个在俄亥俄州空军基地进行的实验，在黑暗寂静的环境中待了一周。这次他想在更极端的环境中，进行更长时间的测试。

当时官方并不支持一个23岁的年轻人进行这么危险的冒险。但西弗尔心意已决，并且他一向擅长说服他人，15岁的时候就成功说服法国科学院的一位教授带着他以一名地质学学生

63

的身份参加研究。只不过这次的区别在于，他是在拿自己的生命冒险。

西弗尔选择的实验地点是斯卡拉森洞穴，这是一个在上百层水平冰川里形成的一个洞穴。而且此处的冰川与普通的地下冰川不同，它与地面上的冰川并无关联。进入冰穴内部需要从一个 130 英尺（约 40 米）深的天井里往下爬，天井里一部分是 S 型，也就是说如果西弗尔滑倒了摔断胳膊，他将永远无法爬出去，一次轻微的骨折可能就意味着死亡。就算平安到达洞穴内部，他还打算在完全隔离状态中待 2 个月。他主动要求签署免责条款，声明不管自己出现任何人身意外，官方都不负任何法律责任，但官方表示仍将会对他负道德上的责任。专家们告诉他，他太年轻，太缺乏经验，最主要的是把事情估计得太乐观了。即使他为此做了一年的周全准备，有些人仍将他的计划当作一个噱头。直到他在马特尔俱乐部的洞穴探险小组做了一次关于他上次探险的演讲，他的朋友们才相信他真的准备进行这次探险，并愿意为他提供支持。然而他还需要研究经费和官方的正式许可。于是，他无数次去拜访官员的办公室，因为负责人太忙，他经常被告知需要等上一个多小时或者更长时间。西弗尔开始发觉来这些官员的办公室可能比进行自己的探险更需要不屈不挠的精神。

当终于扫清了行政上的障碍，西弗尔对即将进行的实验进行了理论分析。他把时间的存在划分为三个层次：生物时间，即人生命持续的几十年；意识到的时间，它由大脑创造，并受到光线和黑暗的调节；客观的时间，例如时钟上显示的时间。他的兴趣在于后两者的比较，尤其想通过自己做的极端实验，找到人体内是否存在一个能不靠任何外界信息而与客观时间保持同步的体内时钟。他还想知道时间的体验是怎样的。他在过

64

去的地底实验中发现了时间的扭曲。地下的世界如此奇妙以至于每次返回地面，他都会对已经过去的时间感到惊讶。

最终西弗尔筹集到了所需的资金，并成功说服了专家们允许他进行这次探险。尽管在地下洞穴里他完全是一个人，但在之前的准备阶段还有一个小组为他提供各种帮助。在出发前的几周，他在洞穴探险俱乐部的朋友们和他一起待在他父母家，白天帮他准备探险所需的装备与补给，晚上就睡在他们家楼道里，而西弗尔被要求保证有足够的休息。后援组把装备搬上卡车，开到离洞穴尽可能近的地方。有卡车被困在雪地里，后援组甚至用一条线缆和制动器制作了一个简易的吊车轨道，用来运输最重的物品。他们每次都要在雪地里穿行几个小时，分批将探险装备运到洞口。他们讨论出一条详尽的下降方案，确保西弗尔拿到所需的所有装备和物资。当地下营地建好后，两名组员还亲身在里面待了 3 晚作为试验。

西弗尔向母亲做了告别，母亲再次对他表示担心，西弗尔再次强调了自己的信心与期望。在进入洞穴前的最后一晚，他待在探险队营地的一个帐篷里，原以为这会令他感到放松，但即将到来的恐惧还是让他一晚没睡好，第二天早上从睡袋里爬出来时他因睡眠不足而觉得骨头有点痛。当爬到洞口时，他感到一阵阿米巴痉疾的疼痛袭来。情况看来有些不妙，但他仍然给后援组做了严格指示，在接下来的 2 个月里不能下去打扰他。在下去前，他还签署了一份声明，表示在头一个月里，不管里面发生了任何情况，任何人都不能下去营救。最后他交出自己的手表，在一组队员的陪伴下进入了洞口。几名队员确认了洞穴内的帐篷和床符合西弗尔的要求，教他更换了为灯泡和电话提供电源的电池，采集了一些冰川样本后便离开了。法语的“再见”声在洞穴里回响。西弗尔听见他们把梯子收起。在接下来的两个月里，他都是完全孤独的。他的身体或大脑中是否有一个能判断时间流逝的时钟呢？他还能猜测多久过了 1 分钟吗？

在重新回到两个月后的西弗尔之前，先要了解一下我们计算例如几秒钟或者略长时间的方式，这短短的时间对西弗尔来说微不足道，但令人惊奇的是这在时间知觉研究中却可以算作一段很长的时间。美国杜克大学的神经科学家沃伦・梅克[66]（Warren Meck）是一位研究时间感知异常人士的专家。通过研究人们对处理几秒钟到几个小时的不同时间长度的认知过程，他发现对几秒钟左右时间长度的感知主要是由大脑的中央部分叫作基底核的部分完成的。2001 年以前，还没有人知道这些含有大量神经组织的区域与时间感知有关。大脑的左右半球各含有一个基底核，位于大脑的中央深处，它们的形状像挂在耳朵上的老式助听器，弯曲成环状，通过释放多巴胺作为神经递质令肌肉“刹车”来控制全身运动。如果想坐下，我们需要停止全身除了坐下这个动作需要使用到的肌肉。如果要站起来，基底核会松开肌肉的“刹车”，我们便可以顺利地起身。同时，保持一些静止的姿势动作也需要对肌肉施加“刹车”。如果无法释放足够的多巴胺来产生“刹车”，人的身体就会发生与帕金森综合征有关的震颤和不平稳动作。如此，你会很难开始一个动作，就像开车时拉着手刹。但基底核也与 2 秒以上的时间计算有关，这个任务也是令帕金森综合征患者感到困难的。帕金森综合征会损坏大脑中制造多巴胺的细胞，而且被损坏的细胞数量越多，人对时间进行估计的困难也越大。

整个与多巴胺有关的系统都被认为是时间感知的关键。如[67]果给人服用氟哌啶醇（一种通常用来治疗精神分裂症的药物），它会阻碍多巴胺受体的活动，使人对经过的时间产生低估，而一些消遣性毒品，例如甲基安非他命则会造成完全相反的效果，它们能加快多巴胺在脑中循环的速度，造成大脑时钟加速，这样就令人对一段时间的长度做出高估。这看起来与常识不符，但却解释了为何人们在生命受到威胁感到害怕时会产生时间变长的感觉。

情感时刻

基底核、小脑和大脑额叶是目前我们已经提到的三处大脑中与时间感知有关的区域。考虑到这些区域负责的主要功能，你会发现它们与时间知觉有关也是合理的。但接下来要讲到的第四个与时间感知的相关区域则更加神秘。一位叫作巴德·克莱格（Bud Craig）的心理学家发现，每次对参加时间估计的测试者进行大脑扫描时，另外一个运动活跃的区域却没有被人提及，这部分区域负责处理身体其他部分的感觉。克莱格认为人身上大脑以外的区域可能也与时间知觉有关。[23]

当你在一个寂静的夜晚安静地躺在床上，有时不需要把手放在胸口，也能感受到心脏的跳动。1/10 的人在任何时候都能感受到自己的心跳，尤其是身材瘦削的年轻人——身上的肉越少，就越容易有这种感受。这种感受自身生理机能的能力叫作内感受知觉。我曾经做过一个关于内感受知觉的项目，对很多人做了是否有这种能力的检查，但发现他们都没有这个能力。有天我回家上楼时，经过我楼下邻居哈德利的公寓门口，他是一个瘦削的年轻人，并且长期以来已经习惯我为了研究而对他提出各种古怪的问题。于是我敲开他的门，问他是否能听到自己的心跳，他立刻在桌上敲出了自己心脏跳动的节奏。直到现

中2

在也没有人提出我们能通过数心跳来估算时间，但内感受知觉确实能起到这样的作用。

这块令克莱格感兴趣的脑部区域叫作前岛叶皮质。它让我们能够觉察到身体的感受，并负责产生直觉，如作呕及恋爱时心中小鹿乱跳的感觉。这些都是心理上的感觉，但却处在身体的风口浪尖。这也与关于正念的研究相符，研究显示，当人们进行冥想活动时，大脑的岛叶部分活动会明显增强。我们知道，那些被剥夺感官的人觉得时间过得很慢。这是否因为包括内感受知觉在内的，通过各种感觉通道传递到大脑的外界信号，能对时间感知造成影响呢？

克莱格提出的内感受突显性模型使霍格兰德对妻子的体温变化对时间感知产生何种影响的实验讲得通。我们感受温暖、痒、疼痛、口渴、饥饿和痛苦的知觉都来自前岛叶皮质。克莱格认为大脑中的这部分能为我们时刻的情绪变化提供一个“情绪指数”，就像一册一连串的人物轮廓侧影的剪影，每一张都代表了某个“情感时刻”。好比过去不同时刻的好多个“你”排成一列，列队朝现在及未来行进。这个为一连串的情感时刻编制索引的系统也能被用来估算时间，它甚至能解释为何音乐能对人的情感产生巨大影响。这个处理情感的系统还能用来感知韵律节奏。克莱格理论的精妙之处在于它同样能够解释为何恐惧能使时间变慢。恐惧时，一连串的情感时刻需要走得更快，以适应恐惧造成的高强度情感，于是大脑的时间变快，让人感觉客观的时间变慢了。

我们可以越来越清晰地看到，大脑中这些感知时间不同的区域之间的联系比我们原本认为的要多。以上我所讲到的四个与时间感知有关的区域有各自的功能与特点，这也许可以解释为何大脑损伤对时间感知的影响比我们所预期的要小。大脑中一小块区域受到损伤可能引起性格的变化，造成记忆丧失，或失去说话甚至理解他人讲话的能力，但对时间感知的影响却相对较小，且通常只限定在某个特定的时间框架内。这也许正好说明大脑里的时钟不止一个。

神经科学家发现了大脑中哪些区域与时间知觉有关，但它们如何感知时间仍是一个谜团。信息是先经过基底核，然后到达小脑，随后到达前额叶处理这部分信息，由这一串过程而感知时间，还是像克莱格提出的那样，通过一连串的“情感时刻”感知时间？两者皆有可能。但仍有一个问题：随着神经科学研究的发展，目前仍然没有发现这个捉摸不定的“大脑时钟”存在的依据。关于大脑如何计算时间的理论有很多，我将在后面重点介绍其中最有影响力的理论。目前的争论的核心在于我们对时间的估计是通过记忆、注意力、简单的时钟或一系列的时钟，还是通过大脑自身的日常活动？任何一种理论都需要解释一个问题：为什么以下这些简单的手段就能轻松欺骗我们对时间的感知？

怪人效应

想象一下我将为大家演奏 7 个音符，除了中间这个音符外，其他所有的都是相同的音符。先是 3 个 C，然后是 1 个 G，然后再是 3 个 C。每个音符的长度都完全相同，但你会认为中间这个 G 音更长。类似的，当我在屏幕上给你看一组图片——长颈鹿、长颈鹿、长颈鹿、芒果、长颈鹿、长颈鹿、长颈鹿。每张图片出现的时间长度都相同，但你肯定会认为芒果的图片出现的时间更长。好像是当你看到芒果图片的时候，时间暂时变慢了一样。这个现象叫作“怪人效应”。这是我们经常出现的一种时间判断失误，而这个简单的测试也能给我们了解头脑时钟的运作方式提供思路。

对怪人效应的一种解释叫作极简时钟模型。这种理论认为大脑内的某处存在一个像节拍器那样打拍子记录时间的“起搏器”。同时还有一个计数器，在一段时间开始时启动，在这段 71 时间结束后暂停，计数器会记录下这段时间内的节拍数。关于这种解释的具体运作机制有很多种理论，其中最有影响的叫作标量期望理论（Scalar Expectancy Theory）。期望产生的原理是这样的：如果你听到两个音符，要判断哪个音符的持续时间更长，那么在听第 1 个音符时，你体内的时钟会以毫秒级的时间为单位计算这个音符的长度，然后将这些单位加起来，算出这个音符的总时间；随后你会听到第 2 个音符，如果第 2 个音符的长度与第 1 个相同，你会对第 2 个音符的长度有一个预计。通过对比听到第 2 个音符的实际长度与预计长度，你就能判断出第 2 个音符是更长还是更短。这个理论可以解释“怪人效应”。看到一张芒果图片而不是预计中的长颈鹿图片带来的惊讶能唤起人的情感，加速身体里起搏器的打击速度，计数器记下了更多节拍数，就给人造成芒果图片显示的时间更长的印象。一组物品中的第 1 个也会给人带来相同的感觉，它的新鲜感会略微唤起我们的情感，让大脑的时钟走得更快，在相同时间内记录下更多节拍数，使人感觉这段时间持续得更长。

这个理论存在的问题在训练人们区分不同时间间隔的能力的研究中被凸显出来。音乐家比普通人拥有更敏锐的时间判断能力。土耳其心理学家埃姆雷·赛文科（Emre Sevinc）在伊斯坦布尔进行了一项巧妙的实验，他用成对的音符测试音乐家对时间估计的准确程度。参加实验的志愿者听了一系列两个为一 72

组的音符，他们要判断哪一组中的两个音符间隔最短。[24]我们知道这对一个专业音乐家来说轻而易举，他们也确实很轻松地完成了任务。但赛文科想知道的是，这样的能力是否能扩展到其他感官上。于是他进行了第二部分实验，以两下为一组，敲击音乐家的手掌，同样地，音乐家要判断哪一组的两下敲击间隔最短。结果赛文科发现，这种时间估计的能力能够被推广到其他感官。但是，当时间间隔最小只有100毫秒时，没有学过音乐的普通人与音乐家在判断时间长度的能力上是一样的——判断准确度都不高，这是个相当困难的任务，这说明不同长度的时间间隔可能需要不同的时钟来测量。对非专业音乐者进行的类似研究发现，通过训练可以让人估算时间的能力得到快速提高，而且他们能将这个新习得的技能推广到其他感官，但他们不能将这个技能推广到其他的时间长度。即使在训练后，对他们播放更长时间的音符，他们对这个时间长度的判断力和那些没受过训练的普通人也没有区别。

既然一个时钟无法包揽所有工作，这是否说明我们体内有多个时钟，各自负责处理不同的时间跨度呢？如果确实如此，说明大脑能以某种办法将这些分开的进程整合，给我们带来一个完整连贯的时间体验。就像我们有两只眼睛接受视觉信息，但大脑能对这些信息做出调整，使之看起来是一幅画面，而不是两个叠加的圆圈；大脑也能对多个时间进程产生的信息进行处理，使之合理有序。有人猜测大脑中可能有一个“沙漏库”，每个沙漏都记录某一个特定的时间长度。当你听到一个开始信号，就如上面提到的实验那样，大脑就会开始一系列的神经活动，就像是同时将一组沙漏倒置开始计时。当听到结束信号，通过观察哪个沙漏里的沙子正好全部流到下面的容器，就能够判断对应的时间长度。但这是否意味着每一个长度的时间都需要一个特定的“沙漏”呢？我们无法得知这“想象中的沙漏”在何处，但我们不用手表也能相当精确地估计时间，而且通过训练，可以做得更好。学开车时，你也会慢慢适应通常等待一个红灯需要多长时间。但在一个别的国家开车，不同的红灯长度会令你惊奇。由于我经常在电台做节目，我很清楚40秒是多长，因为电台里会播出很多40秒的片段。心理咨询师告诉我他们最擅长判断的时间长度是50分钟，因为通常一次治疗时间就是50分钟。尽管他们也承认与有些病人进行沟通时更有趣，但他们还是能够相当熟练地判断何时到点了。

还有一种可能是大脑里并没有一个专门的时钟，但却有测量大小的能力。这个大小可以是时间的长度、声音的数量、距离、面积，甚至体积。就算没有尺子或者测量容器，我们也有惊人的判断量级的能力。如果人的后脑上方，即头顶向后脑弯曲的区域受到损伤，他将不仅很难判断距离，也很难判断位置与物体的速度。这部分区域叫作顶叶皮层，是我们发起一个身体动作的地方。当一个婴儿尝试完成触摸、推动、举起、把东西放进嘴里、攀爬等动作时，他们的顶叶皮层便得到发育。 74

韦伯定律提出，感觉与实际的误差大小与感觉对象的量级特性成正比。如果你对一个几米长的距离进行估计，绝对误差一定比你对一个几英里长度的估计要小。丹麦心理学家斯蒂恩·拉尔森（Steen Larsen）提出，既然我们对时间的估计似乎也符合韦伯定律，如果我们脑中十分熟悉某个特定的时间长度，就应该存在某种“时间的距离”的概念。与地理上的距离类似，当你考虑的时间段越长，细微的差别就不那么明显了。韦伯定律适用于各个物种和各个量级单位，因此不管是测试一个婴儿比较两块不同颜色的卡片大小的能力，还是训练鸽子掌握正确时机张开嘴吃掉扔过来的食物的能力，发生的过程都是一样的。这暗示了判断大小的能力可能是时间感知的关键。

目前我已经介绍了以下人类为何能判断时间的理论：一个或多个大脑时钟的存在，一个基于情感时刻的系统，或是类似判断大小这种简单的能力。要找出最有可能的答案，数字 3 可能很重要。

神奇的 3

在时间知觉的研究中，数字 3 的出现频率很高。人说话使用的是“3 秒韵律结构”，诗人写一行诗读起来的长度通常正好

也是 3 秒。[25]这个“3 秒定律”在生活中大量出现，如从打断电台节目的声音到令人厌烦的电脑启动声。人种学家玛格丽特·施雷特（Margret Schleidt）曾经对 4 个种族群体进行过研究，分别是欧洲人、卡拉哈里沙漠中的布希曼人、特罗布里恩岛上的居民和雅诺马米印第安人。她对这些群体的日常生活进行跟踪拍摄，并对他们从头到脚的每一个动作进行计时。[26]经统计，她发现这 4 个种族文化中，握手动作持续的时间——你已经猜到了——正好是 3 秒。似乎不同文化中对恰当的握手持续时间都有共同的不成文的规定。如果时间太长或是太短，会令人略感不安。

在很多对“一片刻”到底是多长时间的研究中，3 秒也是出现次数很多的一个答案。在圣奥古斯丁的《忏悔录》第 11 卷中，圣奥古斯丁断言，过去和未来只是思考的产物，只能通过“现实之窗”来窥探。一大批学者曾经尝试解开“现在”或“一片刻”到底持续多长时间。1864 年俄国生物学家卡尔·安斯特·冯·贝尔（Karl Ernst von Baer）提出：不同动物感受

到的“一片刻”的长度是不同的。他将“一片刻”定义为可以被认作是单独时间点的最长时间。1 小时显然太长了，1 分钟也是，但该领域中很多人认为“一片刻”的长度应该长于 1 秒，但物理学家恩斯特·马赫（Ernst Mach）的观点是个例外，他在 1865 年写道，一个片刻是指 40 毫秒。[27]

更新的研究认为，“一片刻”的长度大概在 2～3 秒，这不仅与朗读一行诗句所需的时间相同，也与音乐、演讲、肢体动作等吻合。我们似乎喜欢把每个动作都分割为若干个 2～3 秒[76]的片段。患有孤独症的儿童有时存在时间知觉的困难，如果对他们弹奏一个音符，然后请他们按照原有的长度重复弹出该音符，不管原来的音符持续了 1 秒还是 5 秒，他们几乎总会弹出一个 3 秒的音符。

从很多关于工作记忆的经典研究中了解到，3 秒钟正好是我们不记录而直接将信息速记在脑子里，不需转化为长久记忆的长度。所以如果有人告诉你一个电话号码，你可以马上在电话上拨出来，就像是你原本记得这个号码一样；但如果你分心或者等待超过 3 秒，就很难记下这个号码了。就好像大脑每刻都在期待着新的东西。

我们讨论过与大脑如何估算时间有关的最重要问题之一是，一个或多个大脑时钟如何处理不同的时间框架。大脑中一个相同的快速脉冲能处理 5 分钟和 100 毫秒这样不同的时间，还是每一个时间段都需要一个单独的时钟？如果每一个长度的时间段都要用到一个特定的时钟，那么这个范围的边界在哪里？这时 3 秒又出现了。实验表明关于我们判断不同时间框架的方式，最具决定性的边界线在 3.2～4.6 秒之间。[28]

我们知道大脑中与时间知觉有关的区域数量多得令人惊讶，这也许是因为我们需要处理很多不同大小的时间框架。沙[77]

伐音轮发出的两下敲击声的间隔和西弗尔在黑暗冰冷的冰穴中的数十个夜晚不可能用同一种方式来感知。德国心理学家恩斯特·波佩尔（Ernst Pöppel）提出人感知时间有两种机制：一种用来感知较短的时间，一种用来感知较长时间。也有人认为存在一个完整的时钟体系，分别用来测量不同长度的时间，这些时钟的覆盖功能有时还存在重叠。我更倾向于认为大脑就像一个新闻编辑室，每个时钟显示不同时区的时间，但只有一个时钟用来记录每段时间的长度。但如果真的是这样，为什么同样一段时间，听一段声音比看一幅画的感觉时间要长呢？每一种感官都需要一套全新的时钟系统吗？

大脑中不同区域通过不同的机制估计不同尺度的时间也是有可能的。通过对情感的研究发现，我们的大脑并非简单分割为若干个区域，每个区域负责处理某种类型情感的设计，而是每种情感都会用到不同的大脑系统组合。是否对时间的判断也是如此？大脑能使用不同区域的组合来完成不同时间长度的估计吗？

也许整个关于一个或多个头脑时钟的观点过于复杂了。另外一种解释关注的重点是注意力。你津津有味地读着一本书时，会觉得时间过得很快。在实验室里，需要完成的任务越复杂，你对这段时间长度的估计就越短。因此如果给你看一组单词，要找出所有“E”开头和表示动物的单词，这需要两种不同的技能，与仅要找关于动物单词这一项任务相比较则需更多的注意力。因此要同时处理的任务越多，时间过得越快。注意闸门模型（Attention Gate Model）就是这种理论的一个例子。[29]该理论认为我们身上有一个起搏器，能无休止地对大脑发射脉冲，而大脑中有一个闸门，可以记录下每一次经过的脉冲，就像牧羊人数一只只钻进栅栏的绵羊一样。当人感到焦虑时，脉冲的释放速度会加快，因此在一定的时间内，通过闸门的脉冲数增加，大脑便认为过去了更长时间。也就是说，绝对的时间似乎变慢了。如果你的注意力在时间本身，例如在排队时或者参加实验时被事先告知要估算下面一段时间，这也会使脉冲的释放速度增加，使实际时间感觉变慢。该理论也能帮助解释为何情绪消沉时，时间变慢。当人反思内心（或冥想）时，注意力转移到自己的内心，每个时间脉冲都被记下，时间过得更慢了。

这在道理上说得通，但为何忙碌时却感觉时间过得很快？也许是因为对时间的记录和将注意力集中于手头的工作占用了大脑共同的资源，因此当你因其他的事情分心，时间来不及数就过去了。这是“资源分配”或“时间共享”假说的基础。在这种理论下，“大脑时钟”存在的形式并不重要——可以是一个起搏器，或是一组沙漏，抑或是大脑对神经冲动的记录——关键在于如果注意力发生转移，计时机制就会受到干扰。人接到第二项任务的那一刻，时间就开始变快了；一直盯着炉子上的水壶，那壶水似乎永远都烧不开，但如果你在烧水过程中查邮件，这壶水在你回到炉子前就烧开了。根据注意闸门模型，你越是全情投入于手头的任务，对时间本身的关注就越少，脉冲释放的速度减慢，经过闸门的脉冲次数减少，你认为过去的时间便比真实过去的时间要短。[30]这个模型的精妙之处在于它足够灵活，也能考虑情感的影响，现在可以越来越清楚地看到，时间知觉和情感是紧密相连的。

蒙眼走悬崖

伊利诺伊州克拉克大学的心理学家乔纳斯·兰杰尔

(Jonas Langer) 想出了一个点子。他在轮子上搭起一个台子，做成一个平板车，让人站在上面，并蒙住他们的双眼，让他们自己操纵平板车，缓缓驶向几层楼高的楼梯井边缘。兰杰尔想知道驶向楼梯井边缘和驶离楼梯井边缘时，哪种情况下人感觉时间过得更快。他进行实验的时间是在 20 世纪 60 年代，当时大学里的伦理标准还比较低，他的这项实验并未被人阻止。通过下面的插图可以看到，板车上的两侧装有扶手，但前方并没有安全护栏。站在平台上的志愿者可以操纵一个连接着马达的按钮控制板车启动与停止，板车能以 2 英里每小时（约 3.2 千米/小时）的速度平稳向前行驶，同时兰杰尔和他的同事在后面控制方向。志愿者要被蒙着眼睛从两个不同的起点开始，自己将板车驶向楼梯井边缘。第一个“略不危险”的起点离楼梯井边缘 20 英尺（约 6.1 米），第二个“非常危险”的起点距离楼梯井边缘 15 英尺（约 4.6 米）。志愿者被要求禁止在心中读秒，按下按钮并凭感觉持续 5 秒。考虑到板车的速度是 2 英里每小时（约 3.21 千米/小时），如果恰好按 5 秒按钮，从距离井边 15 英尺处出发，5 秒后板车距离井边将不足 8 英寸（约

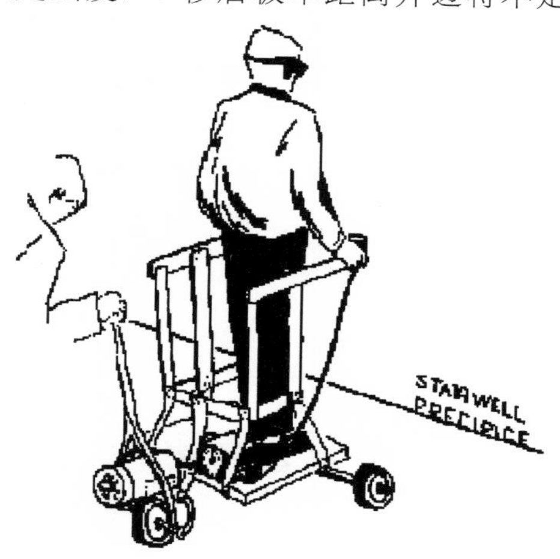

20.32 厘米）。值得一提的是，尽管看到了可能掉入井里和蒙眼的危险，仍有 8 名男性和 8 名女性同意参加实验，而且站在板车的后侧也被认为是作弊而不允许的，每个志愿者都要站在鞋尖与平台前方边缘对齐的地方。果不其然的是，兰杰尔发现，当人们面临危险时，他们按下按钮的持续时间都短于 5 秒。他认为这是由于对危险的恐惧使时间变慢，因此实际只过了 3.6 秒，参与者就认为 5 秒钟到了。[31]通过上一章提到的日常经验，我们知道恐惧确实会让时间减速，但这个实验中明显存在另一种解释。如果你知道自己正蒙着眼驶向楼梯井的边缘，因谨慎而错误判断时间，于是提早松开按钮可能是一个明智的做法。如果志愿者按下按钮持续的时间不是 5 秒，而是 6 秒或更长的时间，除非研究人员及时按下停止按钮，否则他们会从边缘掉入井里。

说到这里，我们已经从很多实验室里进行过的研究中了解到，情感会对时间知觉产生影响。正如恐惧令时间变慢一样，看到残缺不全的肢体的图片，或听到一个女人的抽泣声也会对人的时间感知产生影响。[32]似乎人在面对悲惨画面时，身体和大脑就已经做好了战斗或者躲避的准备，所以大脑时钟走得更快，更多的脉冲被记录，感觉实际时间变慢了。

可以看到，我们通过两种方式来判断时间的流逝：体验中的时间，比如正在进行的时间；以及回忆中的时间，比如这时候回顾已经过去的一段时间。当你判断体验中的时间时，我之前已经提到注意力和情感会造成影响；但判断回忆中的时间，尝试猜测一件事情持续了多久，第三个因素会影响你的答案——记忆。判断体验中的时间与回忆中的时间的区别是非常明显的，这也为解开很多时间的谜题提供了解决方案。它导致了我称为“假期悖论”现象的产生。假期悖论是很常见的一种

82 感觉，在假期中，我们感觉时间过得很快，而事后回顾，却觉得假期过了很长时间。我会在第四章更详细地讲这个问题。

记忆与时间知觉有关是显而易见的，但关于是否存在单独的专门用来处理时间的工作记忆仍有争议。我们的工作记忆是否存在一个缓冲区，能在脑中短暂存储临时信息，就像我们能在短时间内记住一个电话号码快速拨出去一样？可能起搏器记录以毫秒为单位的时间，而复杂的记忆让我们处理更长的时间。对失忆症患者的研究暗示，大脑对时间的处理与某些特定记忆的创造和唤起存在一些共用的神经路径。镇静剂药物地西泮（又称安定）能够对记忆和时间估计能力同时带来损伤，这个事实支持了记忆与时间知觉间存在关联的说法。

总的来看，目前我们知道大脑里似乎存在某种记录时间的时钟，同时受到三种因素的影响：注意力、情感和记忆。它存在的形式可能是一个单独的时钟，也可能是一系列的脉冲。但只有一个问题，至今还没有人能发现它们的存在。

大脑会自我计时吗？

那么是否存在一种可能，即大脑中没有时钟，也没有任何特殊的脉冲用来计时呢？也许大脑会从正在处理的其他任务中，在神经系统的一切评估活动（从颜色到音调）进行计算的过程中获取时间读数。根据这个理论，大脑里不存在任何专门主动计量时间的区域，也没有专门用来感知时间的机制，而是 83 通过进行其他活动时（例如处理空间信息、辨别人脸等）大脑回路的总体特征来推断时间。一些神经科学家正在朝这个方向进行研究，他们想弄清大脑如何完成以上的过程。神经能产生一系列稳定的脉冲，可能被用来记录时间，但大脑中似乎并不存在计算这些脉冲的机制。

另外一种理论认为，我们能通过大脑神经震荡记录较短的时间。大脑神经震荡是由于大脑活动而产生的可以通过脑电图（EEG）记录到的阿尔法波，它的时间长度很短，可以承担计时的功能。使用普通麻醉剂带来的奇妙感受也对该理论提供了支持。我们知道在人被置入睡眠状态时，神经震荡会停止，任何经历过手术的病人都表示自己被麻醉催眠期间，无法感觉到任何时间的流逝。这种被动的睡眠和普通睡眠有很大不同。如果大脑确实是通过神经震荡来计算时间，就可以解释为何手术时人们无法感觉时间的流逝。但这个理论还存在一个问题。神经震荡产生的阿尔法波时间长度为 30 毫秒，也就是说大脑应该以每 30 毫秒为单位记录时间。但实际上，我们也可以记录并非 30 毫秒整数倍的时间。

法国神经科学家维尔吉尼·范·瓦森霍夫（Virginie van Wassenhove）认为大脑中任何一组神经都有计时的潜力，只是计时需要使用注意力。所以计时的活动每时每刻都在进行，但只有当我们向大脑询问时间（例如两组音符中哪组的两个音符间隔时间较短）时，才能得到想要的计算结果。这有点像计算一间房子里有多少人，我们通常不会关注这个信息，但如果有人问起，我们可以算出答案。所以可以不太严谨地说：“在意识面前，时间几乎是透明的。”[33]

84

神经科学家迪恩·博诺玛诺（Dean Buonomano）在他洛杉矶的实验室里使用了电生理学、计算机科学、精神物理学等技术，尝试探索大脑计算时间的方式。你可以在他的网站上对自己计算短暂时间的能力进行测试。[34]网站上有 2 组声音片段，每组的两个声音间隔都短到以毫秒为单位，你需要判断哪组声音中的时间间隔更短。这和前面提到的土耳其心理学家赛文科做的那个实验并无不同。博诺玛诺对我前面提到的一个发现也提出了解释：经过训练，人们判断某一段时间的能力越来越强，但如果时间的长度有变化，他们判断的能力又回到了起点。这个能力可以推广到其他感官，但无法推广到其他的时间段长度。他认为，为了完成计算时间的任务，大脑会将声音看作是一块石头投进水里激起的涟漪。在石头沉入水底后，水面的涟漪波动依然会持续一段时间，就像刚刚发生的事情在记忆中留下的印记。当在水中投入第二块石头后，产生新的涟漪的形状会因水面尚残留着的第一块石头产生的涟漪而不同，就是说水面上暂时保留了两次事件的记录。大脑中发生的过程也与之类似，第一段声音引起一些神经活动，让这些神经处于新状态；当第二段声音随之而来，由于这些神经正处在一个新的状态，因此产生的反应也有所不同。就像是第一块石头在水中留下的涟漪造成了在第二块石头落水前水面新的状态。在声音测试中，大脑在判断哪组声音时间间隔更短之前，会先比较前后两组声音引起的脑神经活动的形式有何不同。他将这称为“状态依靠网络”（state-dependent network）。这个测试听起来简单，但我自己的第一次尝试也只得了 23 分（满分 30 分），这不算太好的成绩，因为考虑到全凭瞎蒙按照概率也能得 15 分。幸运的是生活中我们并不需要进行这样的测试，尽管对毫秒级时间判断的敏感性在语言的听说技能里很重要，可以说对这种长度时间的判断力有助于提升人的语言能力。接下来，研究人员希望找出时间感知的缺陷是否是例如读写困难症等症状产生的原因。这也许可以解释像前文提到的女孩埃莉诺身上那种与时间的特殊关系，她因为无法准确把握时间流逝而经常迟到。难道只有对笔在纸上运动和目光在书上字里行间游走过程中的时间把握得准确才能让我们顺利地完成阅读和书写吗?[35]

使用三种音调进行的实验有力地支持了以下的理论：我们不需要一个特殊的总机制来计算时间，而是从正在进行其他活动产生的神经活动中读取信息来判断时间。在这个实验中，志愿者将会听到三段声音，他们要忽视首先播放的第一段无关的声音，判断后两段声音的间隔。如果大脑里有个秒表，这个任务就不会是问题，你可无视第一段声音，只需计算第二段声音和第三段声音的间隔就行了。但实际并非如此。第一段声音会使人迷惑，说明那些并非专门用来记录时间的神经实际上却能起到记录时间的功能；而这一段多余声音的加入会使原本的时间记录产生偏差，这说明大脑的计时系统是不完美的，但优势在于有灵活性。理论上，这个系统可以对任何发生的事情进行计时，不管是从任何感官传递的信息。有一点很重要的是，如果第一段干扰声的音调与另外两段声音的音调不同，它就无法对时间的估计产生干扰。这让我不禁怀疑，不同音调的声音信息是否需要由不同的神经来处理。

进行请人从楼顶背身跳下的实验的伊戈曼也有另外一个与博诺玛诺的理论类似的观点，即认为大脑细胞天生就具有计算时间的潜力。当你看一幅图片，大脑神经会消耗一些能量，用来辨认所见画面。回想之前提到的长颈鹿-芒果图片实验，给人播放一组长颈鹿图片，图片中插入一张芒果图片，人们认为芒果图片出现的时间比其他长颈鹿图片更长。辨认第一张长颈鹿图片时需要耗费一定的能量，后面又看到一样的长颈鹿图片时，大脑就不需要耗费这么多能量辨认图片了。伊戈曼的理论认为，我们对时间长度的判断是根据神经消耗的能量计算的。看第一张长颈鹿图片需要消耗较多能量，并感觉这张图片出现了更长时间，而后面同样的长颈鹿图片则消耗大脑相对少的能量，感觉持续的时间也更短。然后出现了芒果图片，这是新的内容，需要大脑消耗更多能量来辨认那是什么，因此它看起来经历了更长时间。事实上，新图片的出现确实能提高神经放电的频率，而重复同样的图片会使神经放电的频率降低，这也为支持该观点提供了证据。这是否就是我们计算时间的确切方式尚未有定论，但这确实是一个相当可靠的观点。我们知道新鲜感是影响时间判断的一大因素，即使对于较长的时间段也如此。当你来到一个新的城市，从宾馆步行至餐厅，沿路新的所见所闻在大脑中会消耗大量能量，如此便产生这段路程进行了很长时间的印象。原路返回时，一切变得更熟悉，这段时间感觉起来就短一些。

神经活动本身能被用来计算时间的理论同样能够解释为何精神分裂症患者在时间知觉上存在困难。除了幻听和妄想，精神分裂症还会造成一个不是那么广为人知的症状，即有些患者发现他们无法观察当下，而同时却可以回忆较近的过去和展望未来。哲学家埃德蒙德·胡塞尔（Edmund Husserl）认为在脑中持有过去、现在、未来的三重时间框架是意识存在所必须的，也为我们产生固定的现实感。在精神分裂症患者身上，这种框架被打破，使他们感觉时间变得不真实。精神分裂症患者在实验中很难辨别出特别的事物，甚至很难发现灯光的闪烁。他们的神经活动显示，好像看到的所有东西都是新的。通常，给人看一组相同的长颈鹿图片，人们的神经活动会慢慢减弱，但精神分裂症患者不会这样。[36]

我们有能力对一切进行合理的时间预测，从钟摆的摆动到避免在关车门时夹到手指。我们每天都要在无意中进行成百上千次细微的时间把握。想象一下如果突然失去这种合理把握时间的能力，生活将会迎来多大的麻烦。这一定会干扰我们的思想。如果失去了所有关于当前现实的线索，就无法按照时间顺序整理自己的思想，判断哪些是记忆，哪些是幻想，哪些是正在发生的现实。因此，精神分裂症患者在发作时会感到令人恐惧的迷失也就不足为怪了。哲学家、神经科学家丹·罗伊德（Dan Lloyd）的观点更为大胆，他提出时间感知失调甚至是造成一些被归纳为神经分裂症症状的原因。这种理论是有道理的。我已经提到多巴胺对时间感知会产生影响，还有一种叫作“多巴胺假设”的理论暗示多巴胺这种神经递质是造成精神分裂症的一种原因。多巴胺可能实际上控制着大脑时钟，决定了脉冲释放的频率，精神分裂症的一些症状可能是大脑时钟的失调引起的。

伊戈曼的理论同样可以解释时钟停止幻觉。目光移到秒针的那一刻感觉秒针停止了更长时间是因为这是大脑第一次辨认秒针的运动，随后神经元放电活动和能量消耗都会减少，感觉秒针运动停留的时间也会减少。类似的，一盏时亮时灭的明亮灯光比一盏时亮时灭的昏暗灯光让人感觉持续的时间更长，一段旋律复杂的音乐比一段旋律简单的音乐听起来感觉时间也更长。这是因为我们是通过处理这些信息消耗的能量多少来计算时间的吗？

89

我意识到我已经介绍了很多不同的理论。根据已有的证据，我认为最有可能的一种是：本来用于其他活动的大脑脉冲也被用来在大脑中记录时间。这些脉冲可能是水面的涟漪，可能是一份份的能量，但不管它们是什么，当我们把注意力转移到时间本身时，它们就会加速。这种脉冲的加速［你可能会从关于绵羊通过栅栏的讨论（参见前文，边码第 51 页）中回想起］让人产生时间膨胀的感觉。极端的焦虑也会使脉冲加速，当查克·贝里拼命地想要救自己一命时，脉冲释放速度增加，因此他感觉时间变慢了。要估算一段时间的长度，我们会使用多巴胺系统以及大脑中各大关键区域（小脑、基底核、前岛叶皮质、大脑额叶）的组合，具体用哪个要根据判断时间的长度而定。

这又一次展现了本书的主题：即我们基于大脑神经活动以及来自身体的生理症状信息创造出自己对时间的感知。这看上去像一种简化版的解释，即时间仅仅是一种化学作用，是一种由神经活动与多巴胺系统共同产生的感觉，但这种神经科学角度的解释不应该降低我们对时间主观体验的重要性。对查克·贝里、阿兰·约翰斯顿，甚至在冰穴中躺在冰冷睡袋中的米歇尔·西弗尔而言，神经的脉冲毫无意义。对时间的体验才是重要的，这一点也是我们能够改变的。关于时间，我们有很多种技巧，可以在脑中将自己置于未来或过去，可以想象在未来发生我们从未经历过的场景，可以将事件按时间顺序排列，也可以感知音乐的韵律、说话、抓住飞来的球、赶火车、过马路，而完成这些完全不需要意识到脑子里正在发生什么。

然而我们脑中创造出的这种现实感是能够被轻易干扰的。如果没有钟，埃莉诺很难判断时间。那么如果不见天日，也没有别人可以询问，去判断时间又该有多难呢?

运作时间

连续两个月，1500 小时，西弗尔在法国阿尔卑斯山脉的地底过着与世隔绝、没有昼夜的生活。他让自己的身体告诉他何时休息——只要他感觉疲惫，就去睡觉——并说这样由身体决定的睡眠比他在地面上进行的睡眠要好得多。他感觉饿了就吃东西，但很快就失去了胃口。低温环境下的一个好处是食品保鲜的时间比预期的更长，但他不是厨师，他曾经尝试做米饭布丁，但失败了，只好打开了一罐菠萝罐头，冲散米饭布丁的怪味。最后，他发现自己只吃得下面包和奶酪。每天他都要读书、记日记，并记录连接在自己头上和胸口的电极测出的生理指标。计划进行的实验到目前为止都很顺利，但他却感到越来越痛苦。他的床垫由一块厚厚的海绵制成，但由于长期放在寒冷的冰面，床经常是潮湿的。空气永远阴冷潮湿，他的脚上永远干不了。睡觉时脱下的衣服从来不能整晚保持干燥，他只有在起床后重新穿上这些没干的衣服，身体因皮肤贴着令人难受的湿衣服瑟瑟发抖。由于每天都要长时间坐着，这慢慢引发了背部疼痛，但他坚持不吃止痛药，以避免生理实验受到药物干扰。

西弗尔发现，他打发时间的方式是完全通过思考另外一个时间框架——未来完成的。他曾尝试找一些消遣方式：他像玩套圈游戏那样尝试把手上的糖块扔进装着沸水的浅锅里。一台唱片机也跟着他到了洞底，但贝多芬和马里奥·兰扎的音乐根本不起作用。“曾经让我陶醉的交响乐变成了混乱的噪音，最好的咖啡馆歌手演唱的流行歌曲只会令我愈发感到孤独。”他感到如此寂寞，以至于在日记写下的唯一给他带来乐趣的东西是一只蜘蛛，他把这只蜘蛛抓住放进一个盒子里当作宠物。他经常看着它，和它说话，喂它一点点食物和水。

然而，尽管环境很潮湿，帐篷里的黄色内衬也越来越令他厌烦，但他还是慢慢喜欢上了这个临时的居所，每天躺在床上的时间也越来越多，能不出帐篷就不出帐篷。当他离开帐篷，在冰穴中测量数据时，他还喜欢回头看看在黑暗中发着光的、寒冷但舒适的小窝。他很快就不再在乎冰穴里的卫生，任由垃

92 圾堆积在帐篷周围。低温的环境使食物难以腐烂，但他还是观察到一个苹果核上的霉斑，而且为了给后人提供方便，他将一些苹果核在地上排成一行，也许一年后有人想来此研究霉菌的生长。

由于长期不见阳光，西弗尔产生了一点斜视，而且发现自己越来越难以分辨蓝色和绿色。他并没有产生幽闭恐惧症，但在冰穴实验的末期，他经常感到头晕，实验结束后医生对他进行检查时发现，他的身体进入了“初期冬眠”状态。

在西弗尔进行实验的整个期间，都有两名队友守候在地面上冰穴的入口处。他们白天顶着烈日，晚上在寒冷中入眠。他们被禁止主动和西弗尔联系，以免向他提供任何关于时间的线索。但还是有一条电话线连接着西弗尔与地面的队友，每当西弗尔醒来、吃饭或准备睡觉时，都会给地面上的队友打电话报告情况。地面上的队友会按照原本的指示记录西弗尔每次电话的时间，但不会将时间信息告诉西弗尔。实验开始后的第二天早上，西弗尔起床的时间已经和正常作息时间有了两个小时的偏差。仅过了 1 周，西弗尔的地下时间就已经比实际慢了两天。在 10 天内，他的生活就已经和实际日夜颠倒了，他在日记中记录到，听到队友们兴奋地对他说“你好”时，感觉他们好像已经起床几个小时了。实际上，那是他又一次在半夜把队友吵醒。

每次电话期间，西弗尔都要测试自己的脉搏，并在心里数 120 秒。但在这里，奇怪的事情发生了。他以为自己数了 120 秒，但队友们通过秒表记录发现实际上花了 5 分钟。不分昼夜的生活已经打乱了他的大脑时间。他完全失去了准确判断 1 分钟、1 小时的能力，甚至不能估算出他和队友的通话持续了多长时间。开始时他用马里奥·兰扎的唱片来判断较短的时间长

93

度，但很快，“唱片的开头和结尾就混在了一起，而且似乎与时间的潮水成为一体……时间对我来说再也没有任何意义，我从时间中脱离，我生活在时间之外了”。时间成了他再也无法判断的事物，一个令他感到奇怪的事物。[37]他毫无疑问地感到无聊和孤独，然而尽管他感觉每一天都漫无止境，但事后回忆，却认为对这段时间持续得比实际上短得多。这是一种常见的关于时间的悖论。时间实际上过得比他所认为的更快。他每天都节省奶酪的配额，以便撑过两个月，但由于他对时间的感知出现了巨大的偏差，实际上他完全没有必要节省食物。

他也怀疑过自己可能弄错日期，认为的日期可能领先于真实日期，但他坚信自己的时间绝不可能比真实落后。当队友突然宣布实验已经结束，时间已经到了 9 月 14 号时，他震惊了。他以为实验还要持续 25 天。但马上就可以离开潮湿的冰穴，回到充满阳光的生活并没有令他感到快乐，相反感到困惑，他觉得自己失去了对现实的感觉，而且生命中有 25 天就这么消失了。这 25 天到哪儿去了？他觉得记忆欺骗了他。

接着时间再一次扭曲。尽管他还准备在冰穴里再待一个月，但当发现后援队已经准备进入冰穴将他带回地面时，时间变得难以忍受的缓慢。甚至在队友到达洞穴内的最后几分钟，西弗尔心里还在想为何他们的速度会如此之慢。他事先已经知道队友们进入冰穴后，他们还需在洞内待上一夜，为出洞做准备，但他现在已经等得不耐烦了。而且他感到恐惧，他发现自己克服了两个月的地下生活的各种恐惧，却可能在这个最后关头死去。任何微小的石头掉落或冰面裂开的声音都令他畏惧。最后当朋友们终于出现在他面前时，他才稍微平静下来。齐腰的垃圾令队友恶心，但看到西弗尔安然无恙，他们安下心来。在离开前一刻，西弗尔流连再三。他知道地面上聚集着大量媒体准备报道他的荣耀归来，但还是不停地搜集冰穴内的样本，直到队友告诉他确实必须停下来了。

回到地面的旅程十分艰苦。由于西弗尔的身体已经十分虚弱，只有把他放在一个平台上拉出，即便如此，他还是产生了昏厥，并且在需要用自己的力气爬进“猫笼”时几乎快要放弃。队友蒙住他的眼睛避免他被阳光刺激。在回到洞口时，朋友安·玛丽将一束新鲜的紫罗兰送到他面前。随后，他再次昏厥，并被送上一架直升机。那束紫罗兰在他的脑海中留下了深刻的记忆，那是他两个月以来第一次闻到的美好的味道。

有的人声称，这次整个实验只是一场作秀，而且与地面队友的通话说明他并不是完全生活在与世隔绝中。但大多数人还是赞成西弗尔在23岁时创立的一个新的研究领域——时间生物学，即时间对生物节律的影响的科学研究。他的实验第一次展现了可以不依赖白天与黑夜独立运转的人体时钟的存在。在西弗尔的实验之前，没有人了解人体的生物节律如何运作，但分析家通过西弗尔睡眠与起床的周期发现，如果不考虑一天中的具体时间，把一系列的睡眠与活跃时间相加，总是能得到24小时31分钟的结果，这是一个我们可以准确地在身体里找到的时钟，它位于大脑底部的下丘脑腺体的视交叉上核部分。这里的神经会持续震荡，提供的周期经日光影响修正后正好略长于24小时。[38]由于西弗尔的实验完全处于黑暗中，他的生物钟完全不受干扰，因此该周期与正常情况相比出现了31分钟的偏差。最后他的生活完全日夜颠倒，白天睡觉的时间甚至比晚上睡觉的时间都长，但他的身体节奏却令人惊讶地保持着规律。

但是对他的大脑来说，情况就完全不同了。他对时间的感知产生了巨大扭曲，以至于每个小时都感觉慢了3倍，同时还有无聊和孤独陪伴着他。他在白天和傍晚一直保持清醒，并认为时间只过去了几个小时。西弗尔将霍格兰德夫人发烧时体验到的时间扭曲扩展到了极致。在某种意义上时间变快了，当实验结束时他还浑然不觉。但在另一个意义上他大脑中的时间也放慢了步伐，体验到的时间延长了。

在 1962 年的探险过后，西弗尔又对时间知觉继续进行了长达 40 年的研究。他还是更喜欢在洞穴里而非实验室里的隔离房间进行实验，因为洞穴正好对有些人来说更具吸引力，他们愿意在洞穴里待上一个月。封闭的实验室似乎无法激起人们的这种热情。法国国防部曾为西弗尔的研究提供资金，希望能找出一种使潜艇兵每 48 小时才睡觉一次的方法。但冷战结束后，西弗尔发现资金筹集越来越困难，只有数学家和生理学家才能继续推动这个课题的研究走得更远了。现在他已经 70 多岁，但对洞穴的热爱依然不减。此人理所当然地在地底度过了千禧年来临的时刻，与正宗的法国人一样，带上了香槟和鹅肝。但由于在 2000 年到来前他就进入地底一段时间了，因此当世纪交替实际来临那天，他的时间感知又出现了扭曲，过了 3 天半后，他才干下了那杯庆祝新千禧年到来的香槟。

Chapter 3

红色星期一

“我看时间的方式基本上就像是坐在一张贴着墙纸的桌子前。我坐在靠近桌子右侧角落的地方，身体稍向左倾，这样我的视线可以穿过整张桌子，也可以回到桌子上。墙纸从靠近我右手处（现在）开始，向过去也就是向左延伸到桌子的另一头。远古时期的历史实际上并不在桌子上，像一卷墙纸一样，靠后的部分都被卷在里面了。我是从英国人的视角来观察历史，并根据不同统治者的王朝排列的。从桌子的左侧远端到桌子大约中间的部分是一个英国统治君王系谱表，标记出诺曼王朝、都铎王朝、斯图亚特王朝等，这部分记载的时间延续到1800年左右为止。随后有一条与桌面呈15度角的斜线延向远处，直到1900年。两个大正方形穿过这条轨迹，分别表示第一次世界大战和第二次世界大战。墙纸的远端是英吉利海峡，所有在那以外的部分都表示‘英国以外’。这张地图延伸至全世界，并且像是地球表面一样在远方出现弯曲。我留意到缅甸的历史中有一个方块标志着锡袍国王在1885年被废黜，这块地方在地图上本来是留给维多利亚女王家族或德意志帝国的成立的。”

“一周中的5个工作日就像是5块排成一条直线的多米诺骨牌，这列骨牌的两端各有两块骨牌转向一侧排列，表示周末。当一周结束时，我又跳回原点。只有在这张‘时间地图’上，时间是从右至左行进的，其他所有情况下时间都是从左向右走动。”

这是一位名叫克利福德·波普（Clifford Pope）的收音机听众对自己如何看待时间进行的描述。或者不妨看看另一位73岁的听众大卫·威廉姆斯（David Williams）写的内容。

“一年差不多像是一个椭圆形呈现在我面前。我从椭圆上方顶端开始向下看。现在是3月，所以我沿着顶端向下找到了3月，继续朝椭圆向左弯曲的方向看是4月和5月，在椭圆左侧的远端，我能看见8月和9月。久远的历史起始于椭圆上我看不见的某个点，在遥远的右侧。但是如果将这个椭圆翻转过来，这个起点就在原本4月所处的位置上。这个多少与19世纪早期一致。”

尽管你将时间具象化的方式可能与此不同，但研究发现对于本书20%的读者来说，自己能在大脑中“看到”时间的想法是完全正常的。另外80%的读者可能会对此感到奇怪，但实际上你能比你所认为的更大程度上“看到”时间。与此同时，请容我慢慢道来。

上一章中提到，我们还没有找到一个完整的理论解释人们如何计算时间，人体内也没有一个单独用来感受时间的器官。但如我将在本章中讲到的，将时间在空间中描绘出来的能力对创造我们自己的时间知觉极为重要。不仅如此，它还能影响我们的语言表达习惯，并且创造出其他物种所没有的体验：精神的时间旅行。

通过我自己的研究可以清楚地发现，有些将时间具象化的方法较其他方法更普遍，这个领域的其他研究也支持了这一观点。[39]在BBC广播4台录制《大脑万象》(*All in the Mind*)节目期间，广大听众为我的研究提供了宝贵帮助，我有机会对86名听众在空间中将时间视觉化的方法进行分析。有的听众写了很长的文字和图表向我进行描述，很多人表示他们一直都以为所有人都会“看见”时间，但有些人例如西蒙·托马斯(Simon Thomas)认为“看见”时间是他们独有的一种特殊能力：

“直到听了你的节目，我才发现原来不是自己一个人有这种感受！我一辈子都是这么过来的，而且小时候我以为所有人和我一样，直到我再也懒得像傻瓜一样向几个朋友谈起我对时间的感受。从那以后，因为反正很难描述，我基本上就不和任何人说了！”

不管人们是否愿意向他人描述自己看到时间的画面，大多数人似乎都很享受在脑子里想象出这些画面。他们甚至表示很喜欢挑战自己，所以将这些画面画在纸上或用文字描述出来。

很多人认为在空间中将时间具象化的能力是联觉（又称为“综感”，第六日译丛的《星期三是靛蓝色的蓝》一书即集中探讨这一议题）的一种，即在大脑中将不同感官混合后，某种感官的感觉可以引起其他感官感觉的情况。最常见的联觉现象包括将颜色与字母、数字、名字或一周的某一天联系起来。在我进行的一项小调查中，我标出了受访者对一周中的某一天给予的颜色。从以白色为底带橙色大理石花纹的星期二到褐黄色的星期五，他们对不同的工作日的色调和明暗都做了精确描述，这种高度具体化的描述十分有趣，但我更想找出其中的一些共性特征。可能人们把某一天描绘成某种色彩只是基于文化背景而产生的联想？对我来说星期一显然是红色的。这是否因为在英国星期一是一周的开始，代表忙碌的一天，所以要用鲜明的颜色？也许在以基督教为主要宗教的国家，那些喜欢把每天看成某种色彩的人们大多认为星期一是红色的。但实际情况并非如此。我也有很多英国同事似乎喜欢把星期一看成浅桃红或者淡蓝色。对于那些从不会把某一天与某种颜色联系起来的人来说，这听起来很奇怪，也有很多人认为这种想法是无中生有，但大量的实验已经证实像这种将不同感官的感觉联系在一起的联想不会因为时间而变化，而且这种联想极为具体，是无法通过记忆转述的；不管你是现在问我或是5年后再问我，我都会坚持认为星期一是红色的。

联觉现象的存在已经得到大量文件记载并获得科学界认可。有些罕见的联觉形式甚至包括用味觉感受形状，我永远无法忘记读到过一个男人坚持认为鸡肉的味道是“尖尖”的。我还见过一位女士描述自己在听某些种类的音乐时会看到一些复杂的图案。当我给她播放一些吉他演奏的音乐时，她说自己看到一块涂着棕色、蓝色、绿色和深蓝色的扇形，这几种颜色从扇形的右上角向下互相交汇，拧成一股绳。就像我把星期一看成红色的那样，奇特的是在6个月后我给同样的这些人播放同样的音乐，他们对这些音乐给出的描述也与6个月之前完全相同。你可以用他们无法记住的多重刺激法对他们进行测试，这样仍会得出相同的结果。联觉现象并不是虚构，通过大脑扫描研究观察到的大脑活跃区域可以证明他们产生了真实的体验。因此，当刚才提到的这位女士听到吉他的音乐声时，她的大脑中有与颜色视觉有关的区域就变得很活跃。

目前还没有人清楚造成联觉现象的确切原因，但有一种理论指向了新生婴儿的大脑中有十分丰富密集的神经连接。在人出生后的前几个月，传递进入大脑的大量感觉信息并不是通过各自特定的通道传递的。大脑里的神经通道像茂密的丛林一般纠缠在一起，画面、声音、气味和味道信息全部混在一起，互相难以分辨。婴儿长到4个月大时才开始修剪这些感官通道，就像是园丁将所有的蔓生植物和藤本植物去除，只留下单独分离的传递感觉信息的树枝。混乱被去除，一切变得很清晰。然而，根据神经修剪理论，在修剪过程中可能会让一些神经间的连接没有被完全去除，使人继续体验到不同感官的交叉。很多有联觉体验的人表示当年龄越大，联觉体验会变得越弱，这也支持了这一理论。继续拿丛林作比喻，尽管并非所有的藤蔓都被砍去，但它们也会慢慢枯萎。我在自己身上已经体验到这一

104 点。我将人们的名字与颜色联系起来的感觉现在已经越来越弱了。

以上这些都为修剪理论提供了证据，这也是目前为止关于联觉现象的解释中最吸引人的一种。但只有一个问题：最常见的一种联觉现象是将字母与色彩关联在一起——是的，不幸的是我也只是一个普通的联觉体验者——但这似乎对这个看上去最有力的理论提出了挑战，因为尽管新生婴儿在他们生命的初期会体验到大量的联觉现象，但他们显然不会经常看到字母表。

绕着圈走的月份

与时间知觉有关的特定联觉形式是“在空间中看到时间”的现象。这种情况很普遍，平均每五个人中就有一个人以这种方式认知时间。如果请他们解释“在空间中看到时间”是什么意思，他们通常会选择画图表达。我能理解原因，因为这种概念很难用文字描述。但我还是会尽最大努力，通过使用一些示意图，做出尽可能详尽准确的描述。为使语义表述清晰，我会使用“空间可视化”这个比较专业性的术语。在这之前我要说明，时间的空间可视化尽管是一个真实存在的现象，但它是否算作联觉情况的一种，在科研人员中仍存在争论。我认为它应该算，因为它表现出了联觉的两点关键特征：即人们能够自发地、并有时间连续性地以相同的表述描述自己的感觉。我接下来还会提到，人们在空间中将时间可视化的方法似乎形成于儿童时期。

105

在所有我参加制作的电台节目中，从来没有一个话题像空间中的时间联觉那样在听众中引起如此巨大的反响。人们发现其他人也会在空间中将时间视觉化后，似乎都很兴奋。一方面是感到兴奋，另一方面是一种找到同伴的如释重负。一位名叫莎拉的听众告诉我，她体验到的是这种被认可的现象的一部分，她的大脑中似乎有一个被打开的开关。她以前曾努力抑制自己在空间中看到时间，但现在她可以顺其自然地接受这一切了。“我突然又看到一周的七天在我身边散开。我感到解脱，终于把它们归放到原本的位置上。”有些人告诉我，他们确信通过在空间中看见时间是产生时间概念的唯一途径。

我要再次请对以上描述感到深深困惑的读者保持耐心，因为尽管确实只有小部分人习惯在空间中将时间视觉化，但这个现象却能帮助我们研究时间的视觉化描绘如何对人的思考产生影响。在阅读下面的定性描述分析结果之前，请用一点时间思考，如果强行要求你把时间想象成一幅画面，你会怎么做。显然时间不是一个可视的概念，但如果你必须用示意图来表示时间，你会画什么？接下来的两周会排列在你面前吗？如果你在思考两次世界大战，它们在你眼中是否处于不同位置？你回头可以看到过去的几十年吗？下周二在哪里？

在我分析过的 86 个案例中，一年中的月份是人们最经常在自己面前看到的时间单位。但是它们的“布局”却以不同方式呈现。2/3 的参与者表示月份呈圆形、环形或椭圆形，有一小部分人将其看成波形或螺旋形。这并不奇怪，也许是因为圆形表示的循环性是时间的一个很鲜明的特点——年复一年每个月都按同样的顺序重复出现。英国歌唱喜剧组合夫兰达斯与史旺（Flanders and Swann）在一首歌中唱到一年即将结束时人们都能体会的心情：“又到了见鬼的一月（bloody January again）。”一年整整绕了一圈，又回到了起点。相比之下，习惯将时间进行空间视觉化的人更有可能把并不重复的每个 10 年

106

看成锯齿形甚至拉链，我在下面会更详细地讲到。

我们回到绕成一圈的月份：7 月和 8 月通常看起来比其他月份更长，在英国这两个月都是学校的长假，人们的这种印象也许是在学生时代形成的。人们还在报告中经常提起 12 月与次年 1 月间存在一个间隙，就好像圆圈在年度交替的时候出现了一个自然缺口。这说明人们传统上记录时间的方法会对时间可视化带来非常明显的影响。只有 6 名参与者将月份的布局描述为包含直线的形状，包括方形、梯子形、尺型和平行的圆柱等。一名参与者表示，她曾担心自己在退休后因不再工作而影响到自己在脑中看到时间的画面，但她真正退休后发现，原本的时间画面在脑海中的印象如此强烈，以至于它们能一直保留下来。

月份绕行一周的方向也能带来一些奇妙的发现。你可能认为 12 个月份像时钟上的 12 小时那样顺时针环绕一周。但实际上认为月份以逆时针顺序形成一周的人，是认为以顺时针方向形成一周的人的 4 倍。一位参与者甚至提到，当她作为一名新老师的时候，曾经在周末给她的小学生画出了一幅月份示意图。她把一月放在 11 点方向，二月放在 10 点方向，以此类推，直到十一月在 1 点方向，十二月在 12 点方向。通过下图可以更直观地展示。

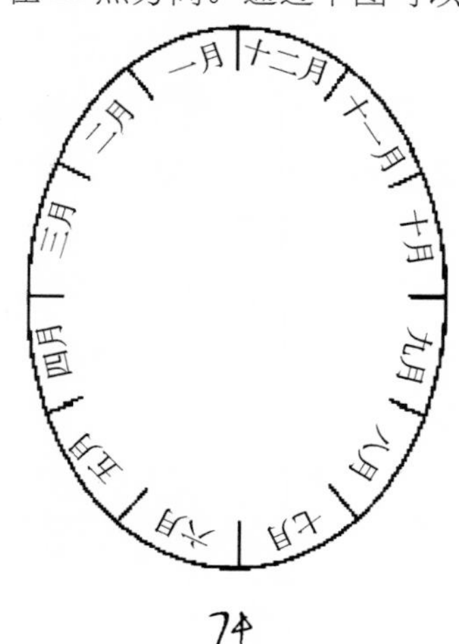

她自豪地把这幅图贴在教室里的墙上，但刚到周一中午，校长就让她把这幅图取下来，因为她把月份的位置“弄错了”。什么叫“弄错了”？因为一月是一年第一个月份，十一月是第十一个月份？或者是月份绕成一圈的顺序与时钟顺序相反？或许是校长看到的月份是顺时针排列而不是逆时针？这一如既往地说明，不同的人“看见”时间的方式是不同的。

有趣的是，人们在脑海中想象出的时间画面都体现了时间的无穷性——没有起点也没有终点。他们眼中的生命与18世纪英国诗人约翰·德莱顿（John Dryden）的著名诗句“生命不过是两个黑暗间的一线光明”中表达的观点并不相同。实际并不令人意外的是，他们自己的一生在时间画面中处于十分突出的位置，但并未被环绕在黑暗中，甚至根本没有什么将其环绕，而画面的边缘逐渐黯淡，这也许像一滴墨水滴在中间的宣纸。接近他们出生前的时间画面比渐渐模糊的久远历史显得更加清晰。

这样的画面似乎表示每个人都将自己放在时间的中心位置。但实际不是那么简单。有人表示自己可以将时间的画面放大或缩小，就像使用谷歌地图软件一样，可以将某一天放大观察其细节，也可以缩小观察到整个世纪的跨度。随着时间的推移，人们看见自己在时间地图上的位置也会发生变化。

人们描绘出的画面确实都很特别。例如，有人认为一年是一个椭圆并长有触角的形状，或形成津巴布韦的地图轮廓。还有一点需要记住的是，我们谈论的是在空间中的时间。这些“画面”并不一定是（实际上几乎不是）平面的或迎面似的出现在眼前。它们不是办公室墙上的年历，不是活页日历，甚至也不是幻灯片（PPT）页面，不是那种简单的东西。它们是三维的，它们不只是出现在人们“面前”，还“环绕”在人们周

108

围。例如，有时人们描述他们看到时间环绕着他们的身体，像选美皇后身上披着的丝带。在该领域进行研究的心理学家杰米·沃德（Jamie Ward）同样也发现了这种现象。

当人们在空间中将一周中的7天进行视觉化时，所产生的形态变化比一年中12个月的形态更加丰富。小部分人将一周的7天看成扁平的椭圆形，其他人看到的有马蹄形、半圆形的变体，还有像画家埃舍尔（Escher）风格的曲线形，当星期天结束后会返回到星期一。还有人看成网格、钢琴键盘和台阶，还有几个人看到了一个个排成一行的多米诺骨牌，有时人们看到的若干个十年也会按照类似的方式排列。有一点特殊的地方在于有时周末会以特殊的方式出现，像是一条平坦道路上突然上升的台阶，或是像本章开头提到的克利福德·波普那样转向一边的多米诺骨牌。

这是罗杰·罗兰德（Roger Rowland）看到的1周中的每天排列的形状：一个个星期向未来延伸，而周末是更大的长方形。

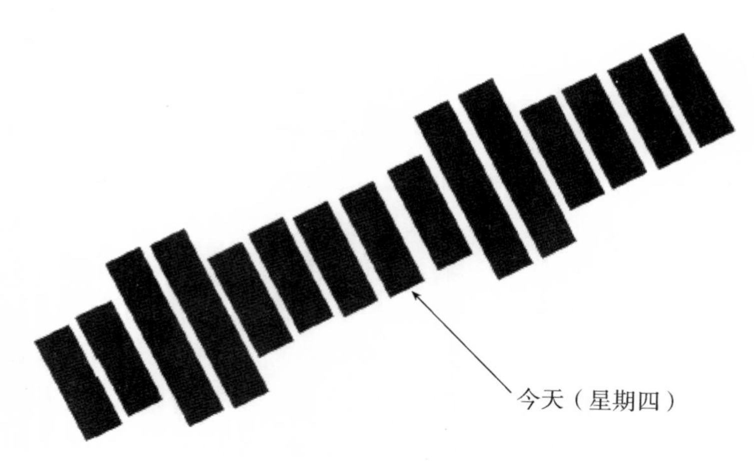

也许有点令人意外的是，时间的布局很少以日记或日历牌

的方式呈现出来，但有些人观察到的时间画面却和他们小学时在书里或教室里墙上看到的图片类似。这一点很重要。我们将时间在空间中视觉化的方式（这看起来对我们很重要，也很有用）也许是在儿童时期形成的。我记得读过一本诗集里有一首关于一年中月份的诗。月份在纸上排成一个椭圆形，并且给每个月配上了合适的插图：表示五月的羊羔位于椭圆的左下方，松鼠埋坚果表示十月，位于椭圆的右上方。多年以后，我脑海中对很多事物的印象都发生了巨大变化，但是每个月份的布局方式仍然不变。这首留在童年回忆里的诗也许让我在童年时就形成了一年在我眼中的画面，并伴随了我一生。 110

在我的研究中，有一位参与者回想起自己如何将一天看成上午很短、下午很长的样子。这幅画面的形成并不是来自日记或课程表，而是他小时候上学前在游戏班时的体验：上午可以尽情玩耍，所以感觉时间很短，紧接着的下午则被要求睡觉，而他根本不困。当他 6 岁时发现原来上午和下午一样长，这让他感到十分惊讶。在这个案例中，时间的空间视觉化参考了更多个人的主观体验而非外界形态。同样，这也是在很小的时候形成的。

千禧年问题

不久之前，千禧年使我对时间的空间视觉化产生了混乱。我也碰到了自己的“千年虫”问题，而且我似乎并非特例。

我把你带回 1999 年。我正坐在桌子前思考时间。对我而言，20 世纪的每个 10 年沿着一条直线垂直向下，直到 1900 年这一点直线向右形成一个直角，这便成为一个世纪。那么在 111

1900 年的拐点后，我“看见”一个个世纪整齐地叠放在一起，就像搁板桌上的书一样，同时 10 年这个时间单位被隐藏起来，如同书的封面遮住了书每章的内容。

我已经提到该领域的心理学家都已经确信人在空间中将时间视觉化的方式形成于他们的童年时期，并且随着年龄的增长不会发生明显的变化。这也许可以解释为何和我一样的人们看到如 10 年、世纪这种时间单位在空间中“展示”出的形态都是我们小时候看到的画面。因此对我来说，回到 1999 年我的书桌前，20 世纪的每个 10 年都以不同画面分别展现在我的脑海中。有的画面来自我的真实记忆：处于孩童时期的 20 世纪 70 年代；有的画面来自电影和电视：20 世纪 40 年代的世界大战，20 世纪 30 年代的经济大萧条；更早期的画面来自存在记忆中看过的书籍和戏剧里的画面：19 世纪是孩子爬上烟囱的画面，18 世纪是简·奥斯丁的服装，16 世纪是亨利八世手叉腰的挺拔站姿。

在某种意义上，我们观察过去的方式已经十分明显了。即使对于那些认为自己从未在空间中“看见”时间的人来说，当你想起某些特定的历史时期时，脑子里也总会自动浮现出一些画面。你也可能没有想象过 21 世纪 70 年代是什么样子，但对在 1999 年的我来说，我的千禧年问题不是没有办法想象出下个世纪的样子，而是我之前在空间中有条不紊地放置时间的所有方法在 2000 年都不起作用了。仅仅 4 年或 10 年后的时间，如当 2003 年或者 2009 年这样的年份被提及，我发现在我的大脑中找不到它们的“容身之地”。它们像是被裹在糨糊里。简单来说，我无法在空间中对它们赋予可视的形态。

这在 2000 年显得尤为突出，这不仅仅是难以对未来进行视觉想象的问题。在 20 世纪 70 年代思考未来时，即使我不能以我自己或其他人生活中的具体画面将未来展现出来，但我还是能在大脑中看到 20 世纪 90 年代作为一个独立的 10 年存在于 20 世纪这条直线的固定位置上。但当面对即将进入的千禧年时，如何看待未来这个问题则又变得极为棘手。

全世界和我们使用相同历法的国家对 2000 年赋予的高度重要性毫无疑问对我也造成了影响。甚至当我还仅仅是个小孩的时候，千禧年就被认为将是一个重要的转折点了。另外，数字的空间视觉化也很大程度地影响了时间的空间视觉化。从数字上看，1999 到 2000 的变化是十分明显的，但这还不是完全的解释。我自己的生日也很重要。我出生在 20 世纪 70 年代，我形成了将两个连续的 10 年看作是整齐排列在空间中的印象。回头看，时间到了 1900 年会出现一个转折，形成一个更大的时间单位——世纪。而世纪在我眼中也以另一种方式呈现，像是摆放在搁板桌上的书籍。但向前看，我还从未想象过 2000 年以外时间，因此将 2000 年后的所有时间都“看作”一个单独的方块是不合适的，但我脑海的画面中已经没有留给 2000 年后的某几年或某几个 10 年的位置了。在某个时刻，2000 年之后的时间会在我的脑子里有序地呈现（这也是实际上发生的），但直到 21 世纪到来前，我都无法想象出新千禧年如何到来的画面。

写下这些的我自己都承认这听起来很奇怪，但不仅仅是我一个人的时间的空间视觉化受到了干扰。千禧年打乱了很多人原本有序的时间地图，包括很多参与我的研究的志愿者以及杰米·沃德在塞萨克斯大学（Sussex University）的研究对象。

克利福德·波普（Clifford Pope）就是众多无法为 2000 年找到合适“去处”的人之一：

“表示 2000 年的那一点很奇怪。有好几年的时间里，

> 2000年以后的时间看上去像一条短波形线。它在墙纸上没有确定的位置。然后到大约2005年才固定了自己的位置，现在可以很明确地看到它拐了90度，然后沿着桌子的边缘向右延伸。有一段时间我一直看到它持续远离我，但最近我注意到我所处的观察位置似乎出现了变化，看起来好像移到了这新线条的末端，沿着桌子边缘向后看。这个位置也不是固定的，我还是会经常回到原来的观察点，把整个21世纪都看作未来。”

在我看来，波普的描述是有道理的，当然也很奇怪。“一[114]条短波形线”“在墙纸上没有确定的位置”“沿着桌子边缘向后看”。你可能会问是什么样的线、墙纸和桌子与时间知觉有关。给人带来疑惑的不仅是令人不安的21世纪。我眼中的表示20世纪的垂直线和有些人发给我的复杂描述相比，显得很单调。他们将世纪描述为波浪形的色带、排成一行的圆柱或圆管；10年在他们眼里像是高塔、桥梁、传送带、山楂树篱，甚至是被拉长的橡皮筋。10年与世纪间的过渡被描绘成走廊尽头的门、跑道上的跨栏或尖锐的拉链。

下图是丽莎·宾格利（Lisa Bingley）眼中10年的形态，但她强调你需要把这幅图在脑中进行三维想象。

[115]这种将一个世纪划分为若干个10年的方式非常有趣，而且也是一个相对近期才出现的现象。提起最近的任意一个10年，立刻在你脑海中浮现的能代表这几个10年的画面很可能是这些（都是大众普遍持有的印象）：20世纪50年代的战后经济紧缩，20世纪60年代的性解放运动，20世纪80年代春风得意的喝香槟的银行家。这就像在脑子里写下的20世纪这本书，按每10年为一章组织得井井有条，只有两次世界大战稍微打乱了这种结构。但这些被整齐划分的章节并非按照时间

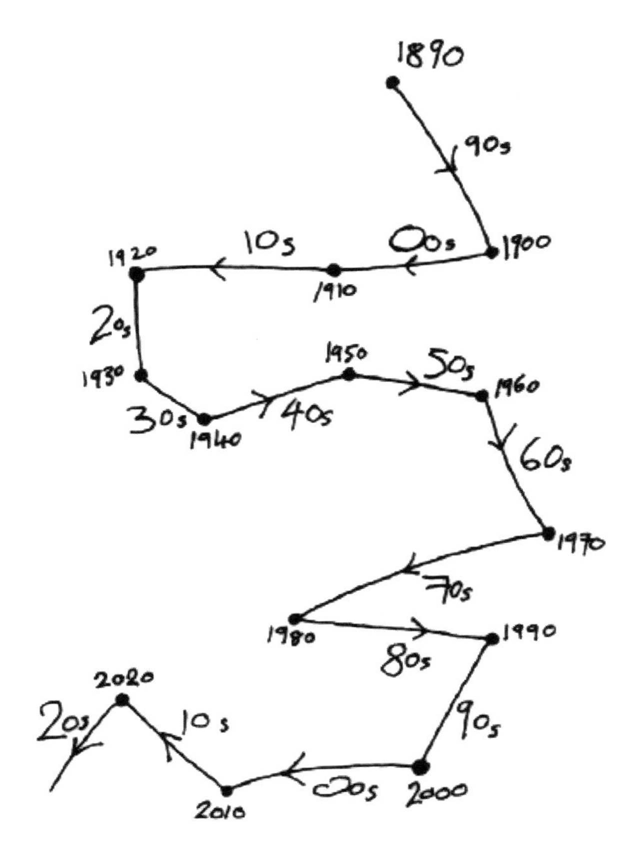

“前进”的顺序来理解的，甚至在2000年那个关键的转折点。从千禧年午夜到来的前一秒到进入新世纪的第一秒，发生了什么变化？实际上什么也没发生。然而到了现在21世纪前10年的头几年，我们可能已经开始更加明显地区分20世纪90年代和21世纪的头10年，一个是随着1989年柏林墙的倒塌带来繁荣与希望的10年，一个是因“9・11”事件而蒙上阴影的10年。

我们现在已经非常习惯以10年为单位组织时间。然而历史学家多米尼克·桑德布鲁克（Dominic Sandbrook）表示，例如英国在几个世纪前，10年是一个罕被提及的时间单位，当时的时间是以君王的统治的年份划分的。当然，理查二世时期和20世纪20年代都是人为划分出来的时间单位。而时间越往前，这种时间单位对我们在脑中安排时间的作用就越小。我可以肯定，对你来说，理查二世统治时期（1367～1400年）早就被吞没在“中世纪”这个更大范围的时间单位内了。同样地，未来的人们也会把20世纪20年代归并到整个20世纪的总体时间范畴中。可以想象：未来穿着太空服的人类对爱德华七世时期的绅士与20世纪50年代的街头流氓的区分不会比我们现在对14世纪10年代与14世纪50年代的战士盔甲风格的区分更细致。他们也可能会遇到自己的千禧年问题：3000年应该放在什么位置？

上了色的历史

你们应该还记得，对我来说星期一是红色的。对有些人来说，整个10年或是一个世纪都有自己的颜色，而且通常不是一个颜色单一的色块。有一个人写信告诉我他看到的偶数年份是明亮的，奇数年份则是灰暗的。很多人眼中不太了解的历史时期通常是一片黑暗，而且颜色与明亮程度不一定与其对应历史时期的普遍印象相关。一位听众表示自己认为第一次世界大战发生的那个年代是沐浴在阳光下的，还有的人认为20世纪40年代是紫色的，伊丽莎白女王时代是深蓝色的。凯瑟琳·希尔帕斯（Katherline Herepath）告诉我她非常喜爱历史，我个人非常喜欢她下面的这段描述：

“我眼里看到的上两个千年是圆柱形，就像是一张倒卷的分类账本页。我就像是站在21世纪的顶端向下看2000年。未来的世纪像一张漂浮的薄床单向左延伸。我也能在圆柱里看到人、建筑和事件按时间顺序排列的样子。想起1805年，我会看到特拉法加广场、穿着那个时期服装的女人、生活在那个时代的名人、当时的建筑等。6世纪到10世纪是绿色；中世纪是深色的，上面还有鲜艳的红色和蓝色斑点；16世纪和17世纪是棕色的，并装饰有家具和衣服上那种鲜艳华丽的色彩。”

[117]

这不仅是一幅美丽的图画，也很有用处。这能帮人记住知识，也让人将了解的成千上万的历史事件以某种方式进行排序。记忆力大赛冠军埃德·库克（Ed Cooke）便是有意将时间想象成画面来提高记忆的。他建议，如果你想记住日记里的每件事，你就需要把每天想象成不同的物品。如果你把星期一想象成一辆车，并把这天的每个小时看成这辆车的不同部分。然后你需要想象把当天的预定事项放在车子里适当的地方。因此你可能想象方向盘上有一个牙医，提醒自己10点的牙医预约；你的老板的缩小版被困在前车灯里，表示下午2点的会议。他将时间视觉化作为一种有意的策略，但这还包括搭建基本的框架为这些事项提供放置的场所。那些有时间与空间联觉能力的人有明显的优势。时间的框架已经在他们的大脑中搭好了，他们可以利用脑子里现成的时间画面来提高记忆。我的研究中的一位参与者告诉我，将过去看成一幅幅画面，是她记住事件日期以顺利拿到历史学位和法学学位的必要条件。但空间中的时间视觉化不仅仅对理解历史有用，有人告诉我他们能通过时间的空间视觉化对未来做出规划；有的人可以利用脑中描绘出的生动画面记忆与时间无关的信息；有一个人的办法很聪明，她眼中一年的12个月份清晰地绕成一圈，她正好将物理公式放

[118]

在圆圈中央，这样就记住了这些公式。

喜剧演员切拉·昆特（Chella Quint）用她所称的“时间机灵鬼”来预订每次演出。“机灵鬼（slinky）”是由当时正在研制战舰马力测量仪的海军工程师理查德·詹姆斯（Richard James）在20世纪40年代发明的一种玩具的名字。当一个弹簧从桌上掉到地面，他发现这个弹簧好像突然有了生命。他的妻子想到了“机灵鬼”作为这个玩具的名字。几十年后，这又成了昆特眼中时间的形状：

> “我看见的时间是一个在我面前向远处无穷延伸的螺旋，并且在未来的稍稍朝上的方向；时间在我身后也以一个角度朝下向远处无穷延伸，代表着过去（包括我个人经历的过去和整个世界的历史）。一年基本上是一个圆圈，下一圈就是新的一年。通过压缩弹簧，我可以利用“机灵鬼”日历记录一些事情。如果我需要回忆起一个寒假，我可以在圆柱中寻找所有的十二月（因为当我压缩了时间的“机灵鬼”弹簧后，每一年所代表的圆圈都重叠在了一起，而且圆圈上表示某个月份的点也都重叠在了一起，这些相同的月份在圆筒中便形成一条直线），直到找到我想要的为止。我无法控制自己看到的线圈卷的形状，我也没有主动选择这么做，我就是能这么做。”

很多人坚称这些画面能为他们进行快速记忆带来优势，而新的实验证据似乎也支持了这一观点。心理学家希瑟·曼（Heather Mann）在温哥华进行了一项实验，你自己也可以尝试一下。

> 从11月开始，每3个月份为一组倒序大声读出这3个月份的名字。

这并不简单（当然，要在英文环境下。——译者注），但对有些人来说，这可能比其他人容易。在曼的这个测试中，表现更好的人是那些在大脑中有一个年份“地图”，能清晰地将一年中各月份以视觉形式呈现出来的人。这让他们能做出更快的计算。[40]你可能认为在这项测试中的熟练程度并非一个十分有用的技能，确实如此。但在日常生活中，我们需要不断处理基于时间的信息，例如算出某项任务距截止期限的确切天数或我们的假期还剩多少天，而那些拥有时间与空间联觉能力的人在这方面可能更有优势。

SNARC 效应

心理学研究中最广泛采用的测试之一，是很多单词一个个依此闪现在电脑屏幕上，每个单词都有不同的颜色。参与者需要做的只是尽可能快地在事先已上色的键盘上敲击与屏幕上单词颜色相同的按键。比如说键盘上的 D 按键涂上了红色，P 涂上了蓝色。这很简单，而且对心理学家们来说算不上有趣，但这项练习却有出人意料的强大效果。比方说在屏幕上出现了“doughnut”（甜甜圈）这个词，而且参与者事先被告知单词本身的意思与它的颜色无关。那么参与者如果看到的甜甜圈这个词是红色的就必须在键盘上按下 D 键，如果是蓝色的就必须按下 P 键。然而结果发现，那些患有厌食症的人对这项简单测试的完成速度远慢于普通人。为什么呢？因为看到“甜甜圈”这个词令他们产生焦虑，阻碍了他们的思考，使他们完成任务的速度变慢了。当屏幕上出现的单词是“room（房间）”时，他们完成的速度和正常人一样。多年以来的实验显示，通过受试

120

者对屏幕上单词的反应速度可以了解他们的思考方式，没有人能从中作弊。

那么，这项测验经改动后能够告诉我们哪些关于时间的空间视觉化的信息呢？挪威卑尔根大学（University of Bergen）的马克·普莱斯（Mark Price）请来一些有时间与空间联觉的能力者并请他们画出看到的一年月份布局示意图，然后他请参与者们分别在电脑前坐下，屏幕上出现了12个月份词随机闪现的画面。这次屏幕上的月份词并没有上色，参与者需要做的只是按下表示上半年月份的特定按键或表示下半年月份的特定按键。普莱斯发现：如果一个人在自己大脑中看到的三月在左上方，那么当表示上半年月份的按键也是在键盘的左边时，他们就能更快地按下这个按键；如果表示上半年月份的按键是位于键盘右下方的N键，他们按下它的速度就会变慢。研究人员向参与者提问他们看到的时间画面，而理论上，不管表示月份的特定按键在键盘的哪个地方，人们找到它需要的时间应该是一样的。但参与者眼前还是会不由自主地浮现时间的画面，而当对应的按键在键盘上的位置与相应月份在时间画面中的位置一致时，他们就能更快找到它。[41]

121

这个发现有一个很好听的名字：SNARC效应。这个名字与诗歌里的怪兽无关，而是空间-数字反应编码联合（Spatial Numerical Association of Response Codes）的字母缩写。我自己也在杰米·沃德主管的塞萨克斯大学实验心理学研究室里进行了一次体验，结果出人意料。尽管我的反应时间差别只在毫秒间，但经过上百次的测试后体现出来的特征是很明显的。每次当表示前半年月份的按键位于键盘的左侧时（我的大脑时间画面中“正确”的位置，这里我可以找到一月、二月等），我的反应就会更快。你可能会说，“因为你知道你接受测试的目的和特点啊”。没错，但对我来说，也是没办法在这个测试里作弊的。这一切发生得很快，即使我想，我也没办法消除我的大脑中月份布局图的影响。

每个人都能在空间中“看到”时间吗？

本章前面提到过，有时候人们会对自己在空间中“看到”时间的能力难以启齿。我希望阅读本书后的读者能够大胆地告诉他人自己很自豪拥有这种联觉能力，这是一项很有用的技能，但你必须尽可能地使用它以发挥它的最大潜能。如果你看到的时间是一个圆圈或是一个三维螺旋，为什么要费力气把它看成 Outlook 日历或 Filofax 日记本呢？如果你与自己的大脑合作，而非对抗，你不就能更容易地记得丈母娘的生日与提交纳税申报单这样重要的日期了吗？就这么做吧。在白板或日记里画出你脑中看到的时间形状，就能提高与时间有关的事务的记忆力。

现在，你可能认为这个方法只适用于那些20%能自动在脑中生成时间画面的人。然而，有证据表明，每个人都能在某种程度上利用空间对时间进行编码。这并不是什么新鲜的观点，实际上几个世纪前就有了类似理念。思想家约翰·洛克（John Locke）早在1689年就对此进行了讨论，威廉·詹姆士在19世纪也提出日期都在空间中有一个具体的位置。也许他们自己都有时间与空间的联觉能力。比利时根特大学（Ghent University）的维姆·格维尔斯（Wim Gevers）发现，当请参与者画出他们想象中一年的月份分布图时，即使那些无法在脑中自然产生这些画面的人，也能画出一些东西来。[42]因此我认为人们看到时间画面的能力是一个连续集合：在集合的一头是那些一想到时间脑子里能立刻出现梯子或“机灵鬼”弹簧玩具的人，而集合的另一头是那些平时不会“看到”时间，但也能应要求对时间画面做出想象的人。

还有别的可以试试看。

> 在纸上画三个圆圈，分别表示过去、现在和未来。圆圈可以出现在纸上的任意位置，可以互相接触或分开，如果你想，也可以将它们画成不同的大小。没有正确或错误的画法。

123

在你画圆圈时，我先介绍一下发明这个测试的人：托马斯·科特尔（Thomas Cottle）。他在20世纪70年代对时间知觉进行了研究，研究对象是美国海军士兵，因为他们都很习惯于听从指挥。[43]他们按要求完成上面这个练习后，科特尔发现60%的人都画了互相分离的三个圆，而未来的圆圈最大，过去的圆圈最小。大部分人并没有将圆圈重叠，这让科特尔得出结论认为，人们（至少是美国海军士兵）习惯将过去、现在和未来看作是互相分离的时间阶段。

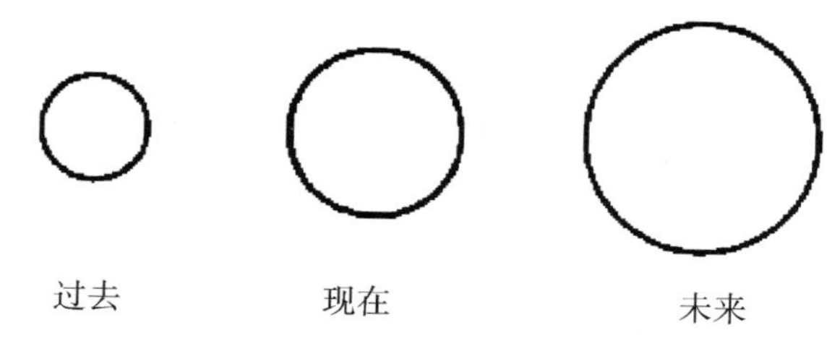

科特尔对这一结果并不满意。他认为（尽管在我看来并不合理）这样像原子般互相分离的时间观幼稚得像小孩一样。他认为符合逻辑的画法应该是像维恩图（Venn diagram）那样互相重叠的圆，这既可以表示时间的连通性，也可以反映过去对现在、现在对未来的影响。

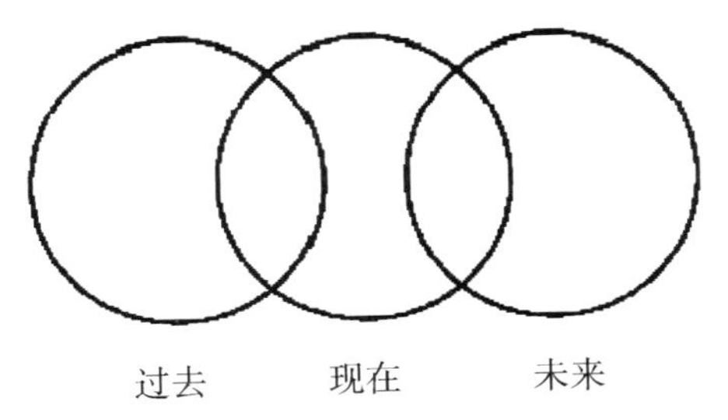

有些人将未来的圆圈画得很大，以表示前方的无限可能。但我画的却正好相反，我把未来画得比现在和过去都要小，那是因为与过去不同，未来里有什么我毫无概念，因此对我来说关于未来的信息占用的空间应该更小。

124

为了对我们理解自己的生命跨度与自己在历史中的位置的方式进行研究，科特尔运用了时间轴。首先画一条水平线，然后在线上做出 4 个标记，分别表示以下 4 个时间的起点：自己生命的过去、自己生命的未来、历史上的过去和自己生命结束后历史的未来。下面是我画的时间轴，这同样也没有正确或错误的画法，你画的可能与我有很大的不同（别在乎科特尔是否认为你画的内容很幼稚）。

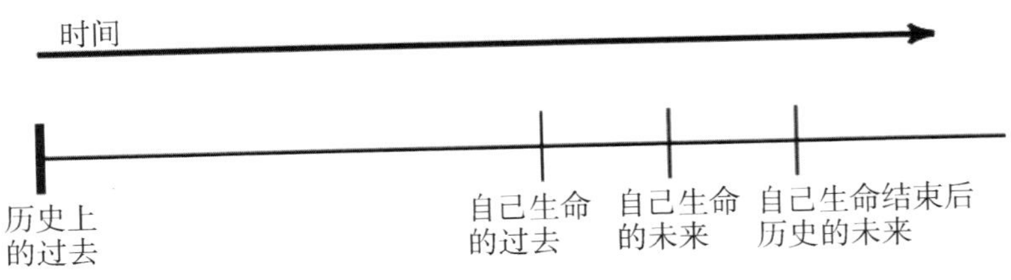

有些人画的时间轴中，自己的生命占据了大部分空间，这是一种以自我为中心的观念（这是心理学的描述，与通常意义上对人的评价不是同一概念）；而有些人的自己的生命在时间

轴上只是很短的一段，世界的过去和未来画得更长，这是一种以历史为中心的观点。

早在20世纪70年代，科特尔就提出以历史为中心的观念可能暗示了一种“先赋性倾向”，即认为过去比现在的努力对人造成的影响更大。他说，出身上层家庭的人能从家族继承更多财富便是一个很好的例子。[44]另外一种解释是，人之所以产生以历史为中心的观念，是因为人们早在学校里的课程就了解到人的一生和人类历史相比是渺小的，更不用说和地球的历史相比了。我们知道，如果地球的历史是你的鼻子到手臂伸长时的指尖的距离，那么用指甲钳在手指上剪下的一小段指甲就是整个人类的历史，你自己的一生在此之间则渺小到无法观察。

125

事实上，在压力下，我们都能将时间以具体的形象描绘出来，并通过一种“正确的”方式观察它。这暗示了某种程度上我们都有将时间与空间联系起来的能力。时间本身很难理解也很难掌控，我的观点是，将时间在空间中视觉化的能力，不论大小，都能为我们了解和掌控时间起到帮助。我们总要不停地思考过去和未来，而将自己置身于其中合适的位置可以简化这复杂的概念。而且我们也将看到，这种联系甚至会影响我们的语言。抑或是我们使用的语言影响了我们将时间与空间联系起来的方式？

时间、空间与语言

不管是把时间画成圆圈还是时间轴，母语是英语的人总会把过去放在左边，把未来放在右边。你甚至根本不会有用相反的方向将其画出的想法，不管你是否经常在空间中将时间视觉化，这似乎是理所当然的做法。在另外的实验里，请来了一些来自不同社会阶层的以英语为母语的人，研究人员给他们每个人发一些分别印有“过去”“现在”和“未来”字样的卡片，然后请参与者将这些卡片在桌上按顺序放好。[126]所有人都将印有“过去”“现在”和“未来”字样的卡片在桌面上从左至右水平排列。是什么促成了这种倾向？这是否说明人们在没有觉察的情况下都会将时间在空间中视觉化呢？

经过严密的测试，在以英语为母语的人的大脑中，“过去”这个词和“在左边”这个词组之间有很强的关联。人们不是仅仅在想：“好吧，既然要把过去放在一个地方，我就把它放在左边好了。”两者实际上的联系比这要强得多。SNARC 测试再一次提供了证据，当屏幕上出现一个与“过去”含义有关的单词时，如果与之对应颜色的按键在键盘左侧，人们的反应会比当按键在键盘右侧时更快。过去和左边不知缘故地就是很合拍。

我听说有研究者认为这个现象可以通过现实中钟表指针运动的方向来解释。确实，时钟的指针是从 12 点开始向右运动的。但这个理论在 15 秒后就不成立了，因为在 15 秒后，指针又会开始向左运动，时间会往回走！当然在指针经过 9 点钟位置后，又会开始向右走，但一共也只有 30 秒。因此这个理论并不能站住脚，我们需要一个更好的解释。有一个更令人信服的理论是，在英语里的阅读习惯是从左到右的。短语“从左到右”（left to right）就说明了这一点。如果你在英文中读出这个短语，你会先读“左”再读“右”，[127]这样左边就比右边时间更早。而下面的例子则是决定性的。阿拉伯语和希伯来语的写作和阅读习惯方向都是从右至左的。那么，说阿拉伯语的人和说希伯来语的人怎么放置过去、现在和未来的位置呢？答案是，他们将过去放在右边，未来放在左边，与说英语的人正好相反。这又带来了一个更大的问题，而且引起了持续几十年的争论，即语言和思想谁先谁后？是因为一个以希伯来语为母语的人习惯从右至左书写，所以把过去放在右边，还是他认为过去在右边，所以从右至左书写？

斯坦福大学的心理学家列拉·波洛蒂斯基（Lera Boroditsky）做了一些有趣的研究，将以英语为母语和以汉语普通话为母语的人和他们对时间在空间中的描述习惯进行比较。[45]对时间的体验应该具有普遍性，我们现在拥有这个时刻，过一会儿它就离我们而去了。不管我们身在何处，说什么语言，这都是一样的。但我们对这种体验的描述却因语言差异而不同。波洛蒂斯基发现，不管是说英语的人还是说普通话的人谈论空间里的时间时都用水平面与垂直面来进行描述。“最好的还在前面”这是用了水平面进行描述，“我们把那次会议提上日程”是用垂直的位置进行描述。但她发现在英语中存在更多与水平方向的比喻：“把事情放在身后”“很期待（look forward to）周末的派对”。在普通话中则用到更多与垂直有关的比喻：之前的事情在“上”，后面的事情在“下”。

波洛蒂斯基站在志愿者身旁，指着他们正前方的一个点问道：“如果这个点表示今天，那么昨天和明天在哪里？”与电脑上的测试不同，这项测试运用了三维技术，如果人们看到的时间与很多听众给我来信中描述的一样是环绕着身体的，那么通过这个三维技术，他们就能自由地将其指出。后面的问题还包括：如果那个点表示午餐，那么早餐和晚餐在什么地方？以及如果那个点表示九月，那么八月和十月在哪里？她发现说汉语普通话的参与者，不管是来自中国台北还是来自加州，认为时间在空间中垂直排列的可能性比说英语的参与者高8倍。

这种差别似乎很好解释，在过去，中文的书写与阅读习惯是从上至下，从右至左的。当然现在这个习惯发生了变化，现代中文的阅读习惯和英文一样是从左至右的，但对时间在垂直方向的空间概念却得以保留，即使那些只习惯于从左至右阅读中文的人在空间中将时间垂直放置的可能性也是母语为英文者的 7 倍。

从某种程度上说，例如“时间从我们身上爬过”或“时光飞逝”等表达方式的使用，部分是为了保持语言的生动与活力。我们并不会真实地产生这种体验。即便如此，我们描述时间所使用的语言确实能表达我们对时间体验基本特征的重要信息，尤其是时间的多变性、奇特性以及对时间体验的无常性。

除了语言中没有表示时间概念的词汇的亚马孙丛林阿莫达瓦部落以外，其他的大部分人类语言经常会将时间的描述与空间或物理上的距离联系起来。我们会说假期很长，会议很短，但很少反过来用时间形容距离。我们会说时间变快了，似乎在谈论一个在空间中的实体，例如一辆车，但我们不会说一条街有 4 分钟那么长。这种语言表达习惯是否能够揭示出如何思考时间的方式？我们习惯这些与时间有关的表达是因为这更便于语言的句式结构，还是这传递了一些关于我们如何理解时间的信息？对时间的体验是奇妙且令人不安的，因此我们创造出了对应这些情感的语言表达方式。

129

用来描述时间的语言是否也会影响思考时间的方式呢？心理学家大卫·卡萨桑托（David Casasanto）对 4 种不同语言中关于“时间距离”和“时间数量”的比喻进行了比较。英语中会说一件事情花了很长时间（表示距离），而希腊语中意思相近的短语在字面上的意思是指时间在物理上的体积巨大，西班牙语类似的表达叫作“*mucho tiempo*”，意指很多时间。通过比较这些描述在谷歌上的搜索量，卡萨桑托调查了“很多时间”和“很长时间”两个短语哪个出现频率更高。我们知道法语和英语中更常用“很长时间”这个关于距离的比喻，而希腊语和西班牙语中“很多时间”这个关于数量的比喻则更常见。而这个研究中真正有趣的地方还在下面。[46]研究人员请一组分别说英语和说希腊语的志愿者在电脑前进行了一系列测试，以探究他们谈论时间使用的语言能否影响他们对时间的思考方式。有的测试包括估算屏幕上一条运动的线慢慢穿过整个屏幕需要的时间，有的测试包括估算一个屏幕上的罐子装满水所需要的时间，有的测试中这两个任务都有。实验结果清晰表明：说英语的志愿者会因距离而分心，导致他们对时间的判断受到影响；说希腊语的志愿者会因为数量而分心。然而，卡萨桑托发现，人们使用语言比喻的习惯可能渐渐减弱，他可以通过训练使说英语的人也能从数量而非距离的角度思考时间。

这个实验似乎无足轻重，但如果我们使用的语言真的能影响我们对时间与空间关系的认识，以至于改变我们对速度、距离、容量与持续时间的判断，那么这个实验就是极为重要的，也会是一个相当新的研究领域，但你一定好奇这项研究会带来什么影响。我们使用的词汇会影响我们对时间的整体概念吗？

时间与空间混合

我们使用的语言并非是证明时间与空间的感知存在关联的唯一证据，实际上两者间不仅仅存在一种联系。我们有时会将时间与空间混在一起。发展心理学之父让·皮亚杰（Jean Piaget）研究了儿童在各个发育时期大脑运作的方式。在一个实验中，有两辆火车在两条平行轨道上行驶了同样长时间，但因为一辆火车速度更快，它停止的位置比另一辆火车更远。年纪很小的孩子们坚持认为跑得快的火车运动时间更长。皮亚杰得出结论认为，儿童很难区分表示时间的大小与表示空间的大小。当然这是因为儿童的大脑发育尚不完全，但波洛蒂斯基的实验发现成年人也好不到哪儿去。[47]我们很擅长判断距离，但这样的判断却会扭曲我们对时间的估计。如果屏幕上有一些聚在一起的点以一定的速度穿过屏幕，我们会认为它们的速度比当这些点更分散时运动得更慢，尽管实际上两者的速度是完全相同的。我们发现在判断时间的过程中，很难去除空间思考的影响。

131

幸运的是，我们有一个精密运转的大脑，不仅能够对多个维度进行计算，也能意识到自己正在做的工作。我们的大脑非常聪明，但这种聪明有时却会把自己弄糊涂，这是指我们的大脑会因自身持有时间与空间存在关联的意识而被愚弄。体量更大有时代表更快，但这并不总是成立。狮子跑得比老鼠快，但子弹更快。日常生活中，我们不断在脑中进行关于速度、时间和距离的计算。例如，抓住飞来的球或者过马路。因此这三者会联系在一起，甚而时有互相混淆也许就不奇怪了。在孩子面前点两盏灯，问他们哪盏灯亮的时间更长，孩子们往往会选择更明亮的那盏。给他们看两辆竞速的火车，他们会选择更大的火车为更快的那个。他们理解了“最大的”概念，但却将它应用在错误的对象上。这又回到了我在上一章中提到的理论，即大脑中可能存在判断量级而非专门判断时间的神经结构。成年人可能比较少犯这种错误，但时间与空间的交错仍然存在。

这里还有一个相当令人费解的地方：我们思考时间与思考空间的方式并不是对称的。如果给人看三只排成一行的灯泡，

132

一次只点亮其中的一只，请人判断每个灯泡持续点亮的时间。结果发现，哪只灯泡照亮的范围越大，人们就认为这只灯泡点亮的时间越长。这被称作“卡帕效应”（Kappa Effect）。这与电脑屏幕上一堆点共同运动的研究类似，并且反过来也成立。如果依次点亮排成一行的三盏灯，请人估算灯与灯之间的距离，结果发现灯点亮的速度越快，人们认为灯与灯之间的距离就越近。这被称作“托效应”（Tau Effect）。就像我们看到狮子很大所以认为它跑得快一样，我们很难忽视速度与距离的关系，总会认为更快意味着更近。但波洛蒂斯基和卡萨桑托已经发现时间和空间的关系是不平衡的，我们以空间来思考时间比我们用时间思考空间更多。回到语言上看，日常用语中缺乏“4 分钟长的街道”这种表达便是例子。[48]

猕猴则与人类不同。它们大脑中时间与空间的互相影响是对称的，就是说用空间来思考时间及用时间来思考空间的可能性是一样的。[49]这是因为它们没有语言，还是它们的感官功能与我们不同？我们知道猕猴不能学会像人那样扔出一个球，这是否说明它们还没学会力、时间和距离互相影响的方式，即扔的力量越大，球飞得越远，落地需要的时间越长？时间与距离（或空间）似乎在人的大脑中有一种独特的联系。也许我在本章开头提到的，人们对在脑中构想出的关于 10 年及每周 7 天的奇妙画面似乎比我们认为的有着更多的意义。它们甚至能让我们做出一些与众不同的事情，例如在空间中显示出大脑的时间，让我们以一种任何其他动物都无法做到的方式在大脑中进行时间旅行。在意念中，我们可以对下周进行展望，也可以回忆 7 岁时发生的故事，并来回跳跃。我将在第五章对此做更详细的阐述。在我看来，正是因为能描绘出时间的画面，我们才能想象未来的事情，也能想象那些不可能发生的事情。在意念中，我能在任何时候幻想出一只小老鼠在明年新年前夜乘坐一把牙刷飞向月球，并能在飞行中避开绽放的焰火，当然你也能做出这些想象。没有人知道一只猴子可能在脑子里想象出什么，但它的想象力会否因为无法在空间中想象时间而受到限制呢?

周三的会议是在什么时候?

将时间与空间联系起来的方式并非仅仅是一个理论上的问题，它在实际日常生活中也会对我们产生影响。我们都用空间思考时间，而且也可以看到有些人更擅长于此。有一个简单的问题可以突出个人在空间中观察时间方式的不同，这个问题可以把人分为两类，即：

> 下周三的会议不得不往前推两天进行，那么现在确定这个会议将在哪天进行?

它有两个可能的答案，而且这两个答案不存在谁对谁错。[134] 而我也很惊讶地发现，有很多人在回答这个问题之前就知道他们经常在这个问题上犯错。你可以看到人们努力避免给出脑子里首先想到的答案。他们实际上的意思是之前遇到过类似的情况，其他人的理解与自己的理解不同，他们却被责怪为何会弄错时间。尽管上面这个问题并没有绝对正确的答案，但你的回答是下周五还是下周一，却能够传递出比你所想的更多的关于你自己如何看待时间流逝的信息。在不考虑他人答案的前提下，如果你首先想到的答案是会议改到星期一，说明你认为时间是运动的，像是一条永不停止的传送带，将未来送到你面前。这是时间运动的比喻。

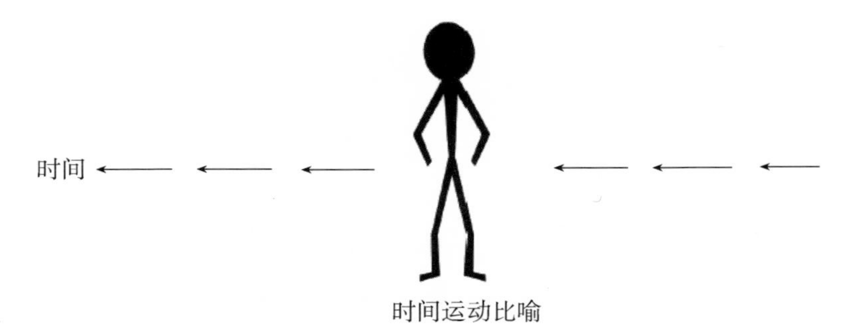

时间运动比喻

如果你认为会议改在星期五，这说明你感觉你在主动沿着时间的道路上向未来前进，这是自我运动的比喻。

自我运动比喻

所以要么你静止不动，时间主动朝你走来，或者你沿着时间的方向朝未来走去。这就是我们感觉自己离圣诞节越来越近了，和感觉圣诞节正快速地朝我们赶来的区别。想想看，是你已经过了截止日期，还是截止日期从你身上经过？

时间之河

在加沙地带被囚禁期间，BBC记者阿兰·约翰斯顿强烈感觉到时间的画面像一条奔涌的河流或大海。他甚至会有意把时间想象成河流和大海，借以打发无聊的时间，因为除了想象他无事可做。有时心理学家会建议人们通过心理意象应对困难的时刻，例如遭受长期的慢性疼痛，但约翰斯顿是自己主动采取了这种应对策略。没有人讲话，也不知道是否、何时能被释放，他将这段时光轻描淡写为“昏暗时刻”并不令人奇怪。但他与第二次世界大战中被关入纳粹集中营的精神病医师维克托·弗兰克尔（Victor Frankl）一样有着坚定的信念。即使绑匪能控制其他一切，但无法掌控自己的思想。约翰斯顿决心做自己思想的主人。

约翰斯顿从河流想象中找到了慰藉，因为尽管囚禁生活每天千篇一律，空虚的白天和夜晚让人想到无尽的循环，但一条奔流的河流却代表前进，让他相信有一天终会有所不同：

> “我常常想象自己是时间的河流上的一名船夫。我知道这条河总会流向某个地方。要么我在这个地方老死，要么在某个时候我能获得自由。不管如何，总会发生一些事情，我不会永远像这样活下去。就算我要在这里老去，时间的河流总会走向尽头。作为河上的船夫，我必须时刻观察地平线，不能始终看着两边河岸，因为那样会感觉时间缓慢。我也想过我必须把船控制在更加平静的水域里，平静的水域是指一个更加平静的心态。当我感到难过、不高兴或想一些不好的事情时，时间的河流

> 就变得更加波涛起伏，流动的速度也更慢。所以我要控制船驶向更平静、流速更快的水域，最终使这一切不容逆转地来到终点。”

在约翰斯顿被俘之前，他曾经读过欧内斯特·沙克尔顿（Sir Ernest Shackleton）爵士的日记，里面记载了他带领的南极探险船“坚忍号”（Endurance）被象岛附近的浮冰围困并最终沉入海底后，在一个小小的开敞式救生艇上求生的经历。如果沙克尔顿爵士能够带着那条小救生艇渡过凶险的海洋，甚至经历一场飓风，那么约翰斯顿就能够在加沙的小屋子里度过自己的旅程。“我必须进行一次心理上的行程，穿过无尽的时间之海。就像沙克尔顿爵士坚定地打算把小船带到远在地平线以外的象征陆地的一个小点，我心中的目标也远在时间的地平线以外，那就是获得自由的那一刻。”

他想象中漂在“时间的大海”上的船实际上是由一块块精神的木板做成的木筏。每一块木筏表示他当前处境下的一些积极因素：他的健康状况还不错，发生在加沙的绑架事件往往能够通过谈判让绑匪放人，并且被俘后他并没有遭到绑匪的拷打。

> “在想象中，我要把这些精神的木板紧紧绑在一起。我的脑中产生了一幅清晰的关于我和我的船的画面。当情绪低落的时候，我会想如何让自己的心情重新振作。我说服自己不要再想那些不好的事情，而每次与自己争论时，这些论据的作用都在慢慢减弱。你听见自己说，都已经过去3个月了，那该死的谈判在哪里？随后我没有选择继续和自己争吵，而是想象那条小船慢慢地带着我前进。你看见自己漂泊在时间的海洋上，这个画面相当令人平静。这是有象征意义的。有时脑子里会产生一场风暴，在海面上

把木板弄得七零八落，你必须跳下水把这些木板重新捡起。你会感叹这些木板的质量真结实，然后重新将它们绑在一起，继续在海上前行。这个过程在我的脑海中发生了很多很多次。直到现在我才意识到，我应对这一切的方式是与时间有关的。”

很多人与约翰斯顿一样想象自己不断在时间的画面里前行。不管通过何种方式，约翰斯顿知道时间会不断促使他前进，他总会抵达未来。这是一个自我运动比喻（同样的，这也[138]是心理学的描述，并非对人的评判）的例子。这与我说过的时间运动比喻相反，时间运动是指人静止不动，而未来朝你走来。考试的日子向你慢慢逼近，还是你越来越靠近考试那天？这就是为什么我之前提出关于星期三的会议改到什么时候的问题如此具有启示性。这个问题的答案可以让你知道自己理解时间的视角属于哪一种。我要再次提醒你这个问题没有正确或错误的答案，这两种视角也不存在哪种更好。

让时间倒流

时间永不停止的特性让作家们痴迷，他们想通过描写关于时间旅行甚至时间倒流的故事来解释时间的本质。刘易斯·卡罗尔（Lewis Carroll）写了一本关注度并不太高的小说《西尔维和布鲁诺的故事》（*The Story of Sylvie and Bruno*），讲述了一对兄妹时而变成小孩的样子，时而变成小仙女的样子。当他们遇上能让时间倒流的古怪表后，他们发现一片片羊羔肉从人们嘴里跑出来，回到一块更大的肉上，这块肉在烤肉叉上慢慢转动，然后变成生的，烤肉的火焰越来越小，直至完全熄灭。与此同时，由熟变生的土豆被交还到菜农手里，然后被埋在地里，当然，人们的每段对话也都变得毫无逻辑。在马丁·艾米斯（Martin Amis）的小说《时间箭》（*Time's Arrow*）中，纳粹医生治好了受重伤的犹太病人，而不是折磨他们。菲利普·K.迪克（Philip K. Dick）在《逆时针的世界》（*Counter-*

139 *Clock World*）中做了更大胆的描述，棺材里的老人敲出声响，请求主持人在葬礼上从墓地里将他挖出来。当被挖出来之后，这些“老骨头”却以反方向生长，越活越年轻。如果他们早年写过一本书，政府会确保在此书出版的那一刻就将这些书全部销毁。时间继续倒流，他们慢慢变成小孩子，婴儿，由女人抚养。女人怀孕时隆起的肚子越来越小，直至受精那天，女人有强烈的与人性交的欲望。这使老人的受孕过程消失，这些老人不复存在，就好像他们从未存在过一样。

上面这些只是虚构出的故事，但是最新的研究发现，只需要巧妙地使用镜子，让时间倒流比以上三位作家所想的要简单得多。这个实验甚至让它的创造者心理学家大卫·卡萨桑托和罗伯特·博蒂尼（Robert Bottini）都深感意外。[50]他们对一些讲荷兰语的参与者进行了常见的测试，当屏幕上出现不同关于时间的词汇时，他们要按下在键盘左边或右边的相应按键。你已经知道对于习惯从左往右阅读的人，当屏幕上出现与过去有关的词汇时，如果相应的按键在键盘左侧，他们的反应更快。接下来卡萨桑托和博蒂尼做了同样的实验，只不过这次屏幕上出现的是单词的镜像。这样参与者就要从右至左辨认屏幕上的字母，结果一切都变了。时间在他们的大脑中发生了倒流，突

140 然，当屏幕上出现关于更早时间的词汇，而相应的按键在键盘右侧时，他们的反应变得更快了。你可能认为这不足为奇，但我可以向你保证这绝对是一个非凡的发现，我也知道为什么实

验发起者会如此吃惊。这是一个新兴的研究领域，而且目前我们并不知道这个发现有什么现实意义，但它的重要性在于，这个发现暗示了我们阅读的习惯不仅仅影响了我们的思考，也影响了我们想象时间画面的方式。

星期三的会议改到什么时候，你的回答可能基于你的直觉，但这也是可以被人为控制的。你的回答甚至可能决定于你所处的位置。波洛蒂斯基在设计实验时是极有想象力的，她展示出基于我们在某个时刻所做的事情而改变时间感知有多么容易。[51]她问了人们同样的关于星期三会议时间的问题，但回答这个问题时有的人们正在旧金山前往圣荷塞的火车上，有的在机场，有的在心理学研究的传统场所——斯坦福大学心理学系的食堂里排队买午餐。就在斯坦福大学心理学系，菲利普·津巴多（Philip Zimbardo）进行了著名的监狱实验，他将地下室改造成一个临时监狱（第五章会有更详细的介绍，但我亲自参观过实验中用到的所谓的单独囚禁室，它们实际上更应该被叫作衣柜，因为只有普通文件柜那么深）。我很高兴地看到波洛蒂斯基的实验并没有这么艰苦的环境，但也得出了了不起的成果。

对于星期三的会议问题的回答，那些正在等待的人们——不管是等待登机或是排队等待买午餐——较为倾向的答案是星期一（时间运动比喻）。他们习惯等待未来的时间运动到他们面前，让他们开始旅程或吃上午餐。而那些正在火车上以及准备下火车或下飞机的人更倾向于回答星期五（自我运动比喻）。他们的旅程已经开始，他们知道自己正在前行，而不是等待时间的到来。

141

只有通过这样的实验，你才能了解在某个特定场合下的感觉会如何影响我们的时间知觉与脑中关于时间的画面。在另一个实验中，参与者被要求想象一个令人害怕的场景，如一场手术；或想象一个令人期待的开心时刻，例如婚礼。[52]如果他们对这个事情非常期待，他们更有可能认为自己在时间中前进；但如果他们对这件事非常恐惧，他们会认为这件事正朝他们逼近。我们已经看到，情感和时间毫无疑问地存在联系，而空间是使这种联系发生的条件之一。上面这个实验让我产生疑问：自我运动比喻或是时间运动比喻是否能从总体上判断一个人是乐观还是悲观？那些认为自己正在向未来前进的人就更积极吗？我希望把这个实验加入我未来的“实验愿望清单”中。

温和的星期一与愤怒的星期五

下面这个实验看上去可能会非常古怪，请读者谅解。我们已经知道用关于空间或距离的实体比喻来认知与感受时间是一个并不罕见的现象，并且你对一件事的情感与想法会影响到你对这段时间的体验，但接下来这个研究实验做了更深层次的探究。这篇研究论文有一个可爱的名字“温和的星期一和愤怒的星期五”，可能会让你对这个实验的方向有个大致了解。[53]这个实验还是提出了熟悉的星期三会议的问题，但这次还询问了回答者当时的情绪。研究人员发现，当人们表示自己情绪很愤怒时，他们更有可能认为自己在时间中前进（给出星期五的回答，表示对一件事很期待）而非时间朝他们靠近（给出星期一的答案，表示他们感到害怕）。接下来，真正特别的事情发生了。如果在电脑屏幕上出现周一到周五的排序方式，那么就会诱导人们选择星期五作为答案，这也会改变人们的心情。人们接下来会认为自己的愤怒程度更高，尽管没有任何明确理由。

我们知道例如恶心、担心、恐惧等负面情绪会让人产生疏远感，促使人放弃。但愤怒不同，愤怒并不会让你产生逃跑的想法，相反它会引领你走向目标，你会更有攻击性。虽然当感到极为愤怒时，你会摔门离去，但这通常是为了避免自己做出或说出一些自己会后悔的事或话而做出的选择。但选择离开令自己愤怒的根源比直接面对它要更难。“温和的星期一和愤怒的星期五”实验论文作者及发起者认为，当我们认为自己正朝着未来前进时，会把这认作我们正在朝着某个事情前进，而且这件事情与愤怒情绪有关。这是个有趣的观点，但我认为现在还没有足够的证据支持这一关于思想与事件联系的观点。后来他们提出，如果情感与时间观的联系真如看起来那么强大，那么当你愤怒时，可以有意地采取一个方法让自己冷静下来，即想象时间正向你靠近，而不是你在时间中前进。当然这在实际中并不容易操作，但反过来也许会简单一点。如果你对正朝你逼近的考试感到恐惧，你可以试着想象有意地控制自己迈向它们，如果你能忍受的话。

本章进行到这里我们已经了解了所说的语言、阅读的习惯方向、心情甚至旅行中的地点如何影响我们的时间知觉。在空间中感知时间的能力具有深远的意义，因此我们才能在思想中进行时间旅行。只需稍稍动下脑子，我们就能想象出自己退休生活的画面，或是回想起第一天上小学时的情景。这个能力叫作时间感受性，在后面的章节中我还会详细地讲到。难以置信的是，精神的时间旅行竟然可以通过身体表现出来。如果蒙上人的眼睛，请他回忆起四年前某一天发生的画面，其身体会在自己浑然不知的情况下向后倾斜几毫米；当他想象四年后的某一天时，身子则会不自觉地向前倾。[54]实验的参与者都不知道这个实验的真实目的，这便排除了研究人员对参与者的干扰。这个实验可以告诉我们的是：时间和空间是互相包含的。

就算我们不会把世纪想象成被装饰的桌面上的国王与皇后，但某种程度上我们都会在空间中体验时间，不管是通过思考时间概念时身体的运动方式，还是看到过去和未来在我们身体周围的位置，或感觉时间像一条河流。语言能让我们对自己感知时间的方式提供洞察力，但语言也似乎能够影响我们对时间的思考，这再次表明时间的感知是自己的大脑创造出来的。时间一直不断地给我们带来惊奇与疑惑。我们不能将它写下来，不能看到它，不能抓住它。因此，即使是很有限的将时间在空间中描绘出来的能力也能帮我们在头脑中掌控时间，并且为精神上的时间旅行创造条件。接下来，我们将回到时间的过去。

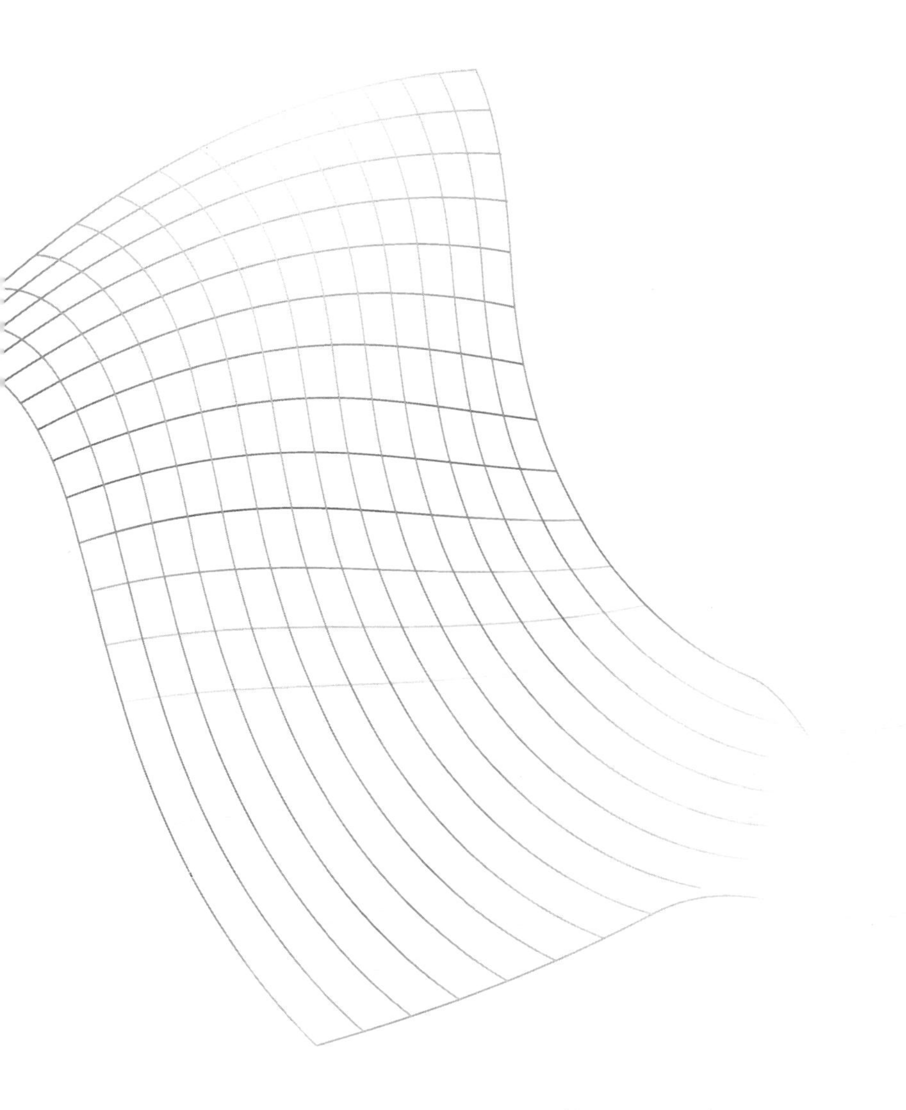

Chapter 4

加速流逝

147 看看下面这些事件，不参阅其他资料，你能说出这些事情发生的年月吗？

约翰·列侬被枪杀
玛格丽特·撒切尔夫人成为英国首相
切尔诺贝利核电站发生爆炸
迈克尔·杰克逊去世
电影《侏罗纪公园》在美国上映
阿根廷军队入侵马尔维纳斯群岛
摩根·茨万吉拉伊宣誓就任津巴布韦总理
卡特里娜飓风袭击新奥尔良州
148 英迪拉·甘地遇刺身亡
伦敦哈罗斯百货商店附近遭到汽车炸弹爆炸袭击
墨西哥发现首例猪流感病例
柏林墙倒塌
威廉王子与凯特王妃举办婚礼
爱尔兰共和军制造布莱顿大饭店爆炸案
奥巴马成为美国新任总统的就职典礼
戴安娜王妃身亡
伦敦地铁爆炸案
萨达姆·侯赛因被处决
33 名智利矿工在井下被困
《哈利·波特》第一部出版

问题的答案在本章的末尾。这些事件发生的年份比月份更好猜，然而可能你也只能答对其中的一部分题目。这很正常，但你犯下每个错误的本质都揭示了大脑如何管理过去的特别信149 息。在本章中，我还将多次重新提及上面这个事件清单。很多人以为我们不太擅长记住名字，但实际上，来自日本的研究发现，我们更容易记住一个新闻事件中出现的名字而非事件的日期。[55]幸运的是，我们并不需要经常接受关于事件日期的测验，因此可能很少意识到这一点。你可能认为有些事情发生的时间比实际距今更近，因为你感觉有些事情如此熟悉，以至于你意识到它们实际上发生在很多年以前时会很吃惊。这甚至会令人不安地意识到，原来时间在不经意中就这么溜走了。你是否开始越来越多地发现，随着年龄的增长，感觉时间过得越来越快?① 你以为上次见一个朋友是几个月之前，但实际上那已经是去年的事了。你认为朋友的孩子刚开始学走路，却发现他们现在已经上了几年学了。小孩子的长大不断提醒我们时间在快速流逝。

年龄越大感觉时间越快是时间体验的最大谜题之一。在本章中，我将解释为何时间加速的关键在于我们对过去的感知，而记忆也能为与时间有关的一些其他疑惑提供解释。我首先将会分析自传式记忆如何运作，同时还会介绍一些人为了记录和测试自己对日常生活琐事的记忆力进行的常人难以完成的极限实验。我将介绍很多不同的解释为何时间变快的理论，包括我自己提出的“假期悖论”。这个理论能够解释为何一个愉快的假期在体验它的过程中过得很快，但事后回忆中却感觉它过了很长时间；如果你养了小孩，为何会觉得一天过得很慢，但一年却过得很快。

150

我们知道时间能对记忆产生影响，但也正是记忆产生并塑造了我们对时间的体验。我们对过去的观念超乎我们想象地铸造了当前的时间体验。正是记忆令时间产生了独特的、具有灵活性的特点。它不仅让我们拥有在意念中召唤出过去经历的能

---

① 见 D. Draaisma（D. 德拉埃斯马）2006。——译者注

力，也能让我们回想起那些通过自知意识（autonoetic consciousness）产生的想法，即自我存在于时间中的感觉，这能让我们在精神上重新体验一个事件的同时还能以局外人的角色对记忆的准确性进行判断。

自传式记忆

1969年7月，英国网球选手安·琼斯（Ann Jones）参加了她人生中理应最值得纪念的一场比赛。她在温布尔顿网球公开赛女子单打决赛中对阵美国女子网坛传奇比利·简·金（Billie Jean King），后者在当时已经拿下三座温网女子单打冠军奖杯，因此琼斯在当时并不被人看好。然而比赛却打满三盘，随着比利·简·金在最后的赛点发球双误，琼斯赢得了冠军。在13次参加温布尔顿公开赛后，琼斯终于实现了自己的冠军梦想。英国皇室的安妮公主向她颁发了冠军奖杯后，她在人群前举起奖杯，人们为她鼓掌欢呼，摄影记者们用相机记下了这重要的一刻。你可能认为这场比赛会成为琼斯永远的记忆，然而在那场温网女子冠军争夺战的40年之后，她坦承自己几乎已经不记得那场比赛了。“人们希望我记住那场决赛的每一个细节，并总是询问我关于那场比赛的问题，但随着时间的流逝，我所有的记忆全部模糊了。我对半决赛的记忆倒更加清晰。”她说自己确实会经常回味胜利的感觉，那也是她原本梦寐以求的，但关于比分，她却不记得了。BBC电视台后来送给她那场比赛的录像，尽管她的儿孙们都很喜欢重温那场比赛的经典画面，但她自己却从未看过。琼斯的经历表明，即使是唯一的、对个人有重大意义的事件的记忆也会慢慢变得模糊。

我们做过的大部分事情基本上忘记了。当我们谈论关于记忆的研究时，更确切地说那应该是关于遗忘的研究。每天我们经历的成百上千个时刻都会被遗忘。

关于记忆的研究是心理学领域研究中的一个主要的内容，然而与研究短期记忆与语义记忆课题的庞大数量相比，人们回想个人经历的能力却相对地被忽视了。自传式记忆可以分为两类：事件记忆，它由一些具体的个人经历组成，例如在新学校报到的第一天；语义记忆，它由我们对自己的生活及对世界的了解组成，它包括你就读的学校的具体情况，例如学校在哪个城市、有多少学生等。

对时间的理解给记忆赋予了意义。当我们叙述自己的生活时，我们会很自然地将一系列事件用时间串联，然后解释事件间的前后联系。1885 年，法国哲学家让·马利·居友（Jean-Marie Guyau）提出，如同现代城市是基于早期文明的基础上出现的（“活着的城市是在沉睡的城市上方建成的”）一样，在大脑中，我们对当下的意识也是不断建立在过去的观念上的。[152] 但正如考古学家能从现代建筑下挖掘出古罗马时期的马赛克图案地板一样，如果你仔细在大脑中搜寻，你还是能找到过去残留下来的记忆。在我们做出选择时，我们总倾向于以为自己做出的个人选择是相对独立于当前的时代背景的，但事后回顾，我们却发现我们自己的故事与社会史多么吻合。当你问一个人为何要到了 30 多岁（这比他们的父辈大概要晚 10 年）时才开始想当父母，他们的回答往往与个人情况而非整个时代的社会潮流有关。那么他们的回答可能是因为他们在 20 多岁时并没有找到人生的理想伴侣，或者是为了优先考虑学业、旅行或事业，而非社会或政治因素影响的结果。但如果问上一辈人，他们会回答之所以选择在 20 多岁时生孩子，是因为在当时那个年代人们都那么做。身处那个时代当中时，我们很难发现其中的特点，这部分是因为我们希望相信自己的选择是完全个人的，而不是因为受身处的时代背景影响。

全面回忆

与戈登·贝尔（Gordon Bell）[①] 的谈话总会让人有点紧张。因为你知道站在你面前的这个人胸前戴着的小巧黑色设备每20秒会对你进行一次拍照，他打算将这些照片永久保存于一个庞大的幻灯片中，这是他从1988年起的每个清醒时刻就开始积攒起的宝贵影像。他将此称为“全面回忆”。不仅仅是照片，他会记录下一切：每张银行对账单、每封电邮、每条短信、每个访问过的网站、每条电话机留言（包括他的妻子要求他关掉留言的次数）、看过的每个电视节目以及读过的书的每一页（他甚至雇用了一名耐心的助手把每一页进行扫描）。理论上，你可以从过去的24年里任意选出一天，重新体验那天他的生活，看他看见过的每个事物，读他读过的每个文字。他充满热情地向人介绍他采用的办法，显而易见地，他对那些让他实现这一切的技术手段以及复杂的数字文件管理系统而感到兴奋。但你还是不由得产生一丝遗憾，心想谁会在乎这些呢？他创造着一个独一无二的生活记录，但他也为找到坚持这独特记录的方法耗费了大量精力。在他死后，他留下的这些信息会有人看吗？也许有人会。也许在几个世纪后，贝尔会成为那个时代的塞缪尔·皮普斯（Samuel Pepys），尽管我认为贝尔日记中的

153

① 他的新著有中文版出版：《全面回忆：改变未来的个人大数据》，浙江人民出版社，2014.6。——译者注

八卦内容会比较少。另外，他也不是独一无二的，他还有一个竞争对手。

罗伯特·希尔兹牧师（Reverend Robert Shields）在2007年去世时，留下了91个装满日记的纸箱。这些日记是他在打字机上完成的，按时间顺序记录了他25年来每一分钟的生活。这比皮普斯的日记长30倍。相比看来，本书第一章中提到的罗伯特·B.索森几十年来对自己身体情况的测量数据的记录简短的像一张简单的病历。这位可敬的希尔兹牧师对自己的日记如此执着，以至于每天晚上睡觉时都会每隔2个小时醒来，记录做梦的内容。在白天，他会穿着保暖内衣，坐在他位于华盛顿州代顿市家中后廊的办公室里，6台打字机呈马蹄形将他环绕。他打出的每一页上，都用清单记录了某些时间段和在那个时间段里做的事情——从刮胡子到打开垃圾邮件。希尔兹牧师的父亲曾经赢得过世界打字大赛的冠军，老希尔兹能够以每分钟222个单词的速度在打字机上打出林肯的《葛底斯堡演说》全文。我们不清楚罗伯特身上是否继承了他父亲的这种打字天赋，但就算他有与他父亲一样的打字速度，他每天也要花4个小时写下他的日记。他去世前将自己的日记遗赠给华盛顿州立大学，条件是在2057年之前任何人都不能阅读它们。希尔兹牧师的日记约有3750万个单词，也许是世界上最长的日记，但直到2057年日记内容被公开前，我们都无法确认，因为现在数其中的任何一个单词都是不被允许的。从那些被允许公开的少量日记节选中我们发现，里面记录的内容都很普通。他换灯泡；他看由安吉拉·兰斯伯瑞（Angela Lansbury）主演的电视剧《女作家与谋杀案》（*Murder, She Wrote*）（他还评论道："《女作家与谋杀案》这部剧情节紧凑精炼，节奏很快。"）；他吃芝士通心面；他出门和朋友吃完晚饭后将剩下的菜打包回家。他连每次上厕所用了几张纸都记了下来。他采用了大量不同的方法描述自己撒尿，如“我将我的水箱排空”，还有“我把小便池冲刷了一遍，里面产生了许多泡沫”。[56]都是些鸡毛蒜皮的小事，但却让人莫名其妙地觉得有趣。他认为未来的历史学家会想研究他的日记和他的DNA，因此他还把几根鼻毛粘在日记中的某一页。

这是终极的自传体记录，里面的内容是凭借人的记忆绝不可能完全记下来的。希尔兹牧师和戈登·贝尔都坚决杜绝了记忆的错误对自己人生记录的真实性造成的破坏。而这似乎慢慢变成一种趋势，很多人会在网上记录自己生活的细节。贝尔坚持认为他的电子记忆库与普通人记录生活的博客不同，他记录的内容更全面，但他的动机仍然不明。他为微软公司工作，并经常环游世界做演讲，向人们介绍他的计划以及他采用的技术，但他却不愿多谈这些技术的实际用途。可以想见，这种电子记忆可以是极有价值的，例如对有些因大脑受到损伤而产生记忆力问题的人来说。但贝尔自称他的目标仅仅是向世人展示记录一个人完整的一生是可能的。他给我们播放了由他身上每20秒拍照一次的摄像头得到的照片剪辑而成的电影。这让我想起了我们小时候在本子上画的跳水动画：从一个人站在跳板上开始，到后面的一页页中人的身体慢慢弯曲，直到跳入水中，沉入水底，水面上只留下溅起的水花，后来只剩下涟漪。在贝尔的电影里，街道一条条地跳过，食物一块块地消失。画面是静止的，但跳转速度很快。但这些电影片段仅具有展示功能。他说，他记录下了整个生活，但很少将其回放。他的同事问他是否能将这些记忆看作是“可穿戴的”（WORN），即一次写下来，但从来不去读（Written Once，Read Never）。[①] 贝尔对此表示怀疑，他认为总有人会把它们都看完的。

贝尔和希尔兹牧师进行的这些尝试的妙处在于，他们去除了自传式记忆的一个巨大局限性，即记忆的选择性。但这也可能是一个问题。也许有一天，每个人都会拥有一个完整地记录了自己一生的电子档案馆，并可以选择重温过去的任何一天。我可能会选择一个随机的日期，然后观看每一年中这天的照片，希望了解世界或者我个人如何发生变化。你可以重温你认为最棒的一次派对、第一天工作的感觉，或者假装每天都是圣诞节。但你是否真的会把本来可以体验新事物的时间和精力用来重温过去？至少拿来看一场不知道结局的电影？有多少夫妇在结婚后不止一次地看过自己的婚礼录像？如果这个技术意味着你能记住一切，那么它可能会对你的时间知觉产生深远影响，因为如我们接下来要看到的——只有通过自传式记忆，我们才会产生时间流逝的感觉——过去的记忆对我们判断当前时间流逝的速度，有着超乎我们想象的巨大影响。

156

当时间加速

记错戴安娜王妃去世或柏林墙倒塌的年份，只是随着年龄增大人感觉时间变快的一个通病。当你 11 岁时，暑假里无所事事的一个星期显得特别漫长；而当你成年后，向公司请了一个星期假来重新给家里装修，但墙还没刷完一半，这周就很快结束了。任何超过 30 岁的人都会告诉你时间正在加速流逝，

① 这是他的同事的一个戏谑。“从来不去读”的英文首字母正好是 WORN，即“可穿戴设备”的省略称呼。——译者注

157 不管是周日晚上还是圣诞节这样的标志性时间，感觉下一个总比上一个来得更早。当在 2001 年，新闻播出曾杀死一位 2 岁婴儿杰米·巴尔杰（Jamie Bulger）的当时年仅 10 岁的两个男孩已经长大成人并已经准备好迎接成年生活时，很多人感到震惊。人们并不惊讶于他们这么快就获得自由，而是惊讶于发现当年的小男孩现在已经变成成年人了。当小巴尔杰的生命永远定格在 2 岁的年纪时，凶手与被害者越来越大的年龄差距让人觉得愈发不安。部分原因是我们对罪犯的反感，但这也提醒着我们，不管是否如我们所愿，时间永不会停止前行。

在成年人中，感觉时间随着年龄增大而越来越快的现象非常普遍，但小孩子则没有这种体会。我记得当我还是个孩子的时候，大人们对我一眨眼就长这么大的感慨会令我感到恼火。这看上去是一句愚蠢的废话。现在尽管我努力避免大声说类似的话让孩子们听见，但他们的成长对我来说仍是一个令人吃惊的提醒。时间越过越快的感觉令我吃惊的一点在于，尽管我们经常提起它，但我们似乎从来无法习惯于此。

很多人给出的第一解释都直接与数学有关。在 40 岁时感觉一年过得很快，因为这只是你生命中的 1/40，而你 8 岁的时候一年在你生命中占的总时间比例要高得多。这个叫作比例理论，多年来该理论得到很多人的支持，包括作家弗拉基米尔·纳博科夫（Vladimir Nabokov）。这应该归功于 19 世纪法国哲学家保罗·加奈（Paul Janet），他写道："每个人都要牢记最后 8 到 10 年的校园时光，那是一个世纪那么长。相比之下，158 生命中的最后 8 到 10 年时间，只有一个小时那么长。"[57]

自传式记忆的运作方式显然也可以解释为何年纪越大感觉时间过得越快，但这与加奈提出的比例理论有所不同。实际上，在 1884 年，哲学家、心理学家威廉·詹姆斯就指出，这种比例理论更像是对现象的描述而非解释，我也赞同这一点。“当我们年纪越大时，相同长度的时间感觉越短——对1天、1个月和1年的时间来说都是这样的，但1小时却不一定如此，而1分钟和1秒钟的长度感觉上还是不变的。”比例理论的问题在于它的规律在对短暂时间的体验上会失效。我们并不会把1天的体验放到整个生命的背景下。假设如此，一个40岁的人会感觉每天都一闪而过，因为一天的长度在他们生命中仅占不到1/14000。这样一天就是飞快流逝并无足轻重的，而若你无事可做，抑或在机场等待登机，就算你有40岁仍会觉得这是无聊而漫长的一天，比一个孩子在海边愉快的一天显然要长得多。如果这还无法说服你——也有很多人坚持认为更符合直觉的比例理论是正确的——那么可以回想刚过去的上个星期。如果你已经成年，那么上个星期在你整个生命中是完全无关紧要的，但此刻，上个星期的事情依然存在于你的脑海中并与现在息息相关。也许上周的事情在10年后看根本不重要，但它们会对这星期甚至下个月产生一些影响。加奈的理论作为一种描述是很完整的，但并不足以成为一种解释，因为在判断最近几个月甚至过去一年过得有多快时，我们并不会将它们置于整个生命的背景下。它忽略了注意力与情感这两个我们已经提到的会对时间知觉产生很大影响的因素。这个理论无法解释所有时间发生扭曲的情况。我已经提到了被迫等待，还有假期能对时间体验产生奇怪的影响。当度假结束回家后，人们经常声称感觉自己已经离开家很久，而若比例理论成立，把14天的假期放到整个生命长河中，它会显得非常渺小，几乎是不值得纪念的。

比例理论缺乏足够的证据支持应该让我们松一口气，因为它成立的后果是令人沮丧的。如果比例理论成立，那么一个活了 80 岁的人在 20 岁时主观上他的生命只剩一半了。这个结果是根据罗伯特·莱姆里希（Robert Lemlich）在 1975 年提出的公式[58]计算出来的。他向不同年龄的人们询问他们觉得时间过得有多快，然后他发现人们给出的答案与他用比例理论推导出的公式预测出的结果相符。然而，后续的研究发现他的公式并非那么管用。根据莱姆里希的理论，人在 60 岁时会感觉时间比 15 岁时快 2 倍，但实际研究发现，60 岁的老人感觉时间流逝的速度平均是 15 岁少年的 1.58 倍。[59]

160

你应该已经注意到了问题的所在：这些全部是基于个人对时间的主观体验，而这种主观性从来都是很难测算的。尽管人们都说年龄越大感觉时间过得越快，但将这种感觉直观表现出来的难度是超乎想象的。如果要求人们回忆过去的生活，他们会一致表示现在时间过得比年轻时更快，但这种感觉应该来自他们对多年前时间体验的回忆。今天 75 岁的老人在他们 25 岁时，没有人询问他们感觉一年过得有多快，这就是说我们只能将今天的老年人与今天的年轻人对比。这可能意味着随着年龄的增长，时间变快的感觉是因为他们总体上的生活节奏变化了，而不是他们个人对时间的感知出现了变化。今天年轻和年长的成年人都声称时间过得很快。在荷兰进行的一项研究中，有 1500 名参与者被询问感觉过去的 1 周、1 个月、1 年过得有多快。超过 3/4 的人回答“快”或“很快”，这些回答者的年龄并无明显划分。[60]可能小孩子会觉得时间过得很慢，因为他们很难控制时间做自己想做的事情。而一旦成年，几乎所有人都会感觉时间变快了。但仍有一个值得探讨的问题，即年龄变化与感觉前一个 10 年流逝速度的关系。一个人年龄越大，他们会说过去的 10 年过得越快。那么可能对于成年人来说，几天、几月或几年的时间感觉上都不会有什么变化，但以 10 年为单位的时间可能就比较特殊。

如果比例理论更像是一个表述而非解释，那么我们应该如何解释为何感觉 10 年过得越来越快呢？答案还有待争论，但主要的理论依然与自传式记忆的运作方式有关。这样一来，我们就要回到本章开头的事件列表。

望远镜中的人生

很多人表示，说出一些历史近期事件的日期是一项令人生畏的任务，但他们一般还是能答对很多。看看那些你记错时间的事件。下面就是有趣的地方，因为这些错误能告诉我们大量关于大脑如何工作的信息。你是否经常认为有些事件发生的时间比实际早，有的事件发生的时间比实际晚？在关于日期的错误记忆中包含着某些具有启发性的特征，它能给我们研究时间变快的问题提供一个窗口。对于那些发生超过 10 年的事件，例如切尔诺贝利核电站爆炸和戴安娜王妃去世，你可能认为其中一些的发生时间距现在更近。这个很常见的错误，叫作向前压缩（forward telescoping），指的是时间好像被压缩了，就像你从望远镜看远方的物体一样，远处的物体看起来变近了。与此相反的是后方压缩或反转压缩（backward or reverse telescoping），也被叫作时间延伸。这是指你认为某事件发生的时间比实际更久远。这在较早之前的事件上出现的比较少，但在最近几个星期的事情上并不罕见。你可能认为上次见一个朋友是在 3 周前，但实际上那是 2 周前的事。

向前压缩是产生时间变快感觉的因素之一，具体原因我将在本章后面提到。首先，我想更详细地研究时间压缩现象。关

162 于压缩现象，最直观的解释叫作记忆清晰度假说（clarity of memory hypothesis），这是由心理学家诺曼·布拉德布恩（Norman Bradburn）在1987年提出的。这个理论很简单，因为我们知道记忆会随着时间慢慢褪色，所以我们便依据记忆的清晰度来判断这件事发生的距今时间。如果一件事在记忆中已经模糊，我们便会推断它发生在更久以前。

对于判断新闻事件的时间，我们可能认为如果对一个事件了解越多，我们对它的时间判断就越准确。但实际并非如此。伦敦大学金史密斯学院（Goldsmiths College，University of London）的苏珊·克劳利（Susan Crawley）和琳达·普林（Linda Pring）向不同年龄的人展示出一个类似本章开头的事件列表，但列出了更久远的事件。这些英国的受试者普遍能顺利且正确地答出发生年月的事件有：玛格丽特·撒切尔夫人成为英国首相、玛格丽特·撒切尔夫人辞去首相职位、约翰·列侬被枪杀、阿根廷入侵马尔维纳斯群岛、布莱顿大饭店爆炸案、切尔诺贝利核电站爆炸、以色列总理拉宾被刺杀、敦布莱恩杀害学童事件①、爱沙尼亚号海难、洛克比空难以及英国南部遭遇飓风袭击。令人意外的是，一个人对某事件了解的多少，只有在该事件发生在此人出生之前的情况下，这种了解才对他能否准确判断此事发生的时间造成影响。我们出生后发生的事件，似乎不需要对它的了解就能判断其发生时间。[61]反之，我们依靠的完全是记忆。当然，若我们完全没听说过某事则除外。我们会认为这件事发生在很久以前，否则就应该记得它。其他类似研究中提到的事件会因研究地区的不同而不同。在新163 西兰的研究中提到的新闻事件中，只有2件是我听过的，尽管

① Dunblane Massacre，英国首位温网男子单打冠军安迪·穆雷便是此事件的亲历者。——译者注

我也希望自己听过绵羊史瑞克的故事。史瑞克是新西兰中奥塔哥地区发现的一只绵羊，它为了逃避剃毛而逃到山区，有很多年都没有剪过毛，毛茸茸的模样引起新西兰全国的关注，并成为全世界最出名的绵羊！

英国人最难正确答出日期的事件是1996年埃塞俄比亚航空劫机事件。各个年龄段的大多数人都对此事件的发生时间一无所知，都以为那发生在很久以前。与列表上同年发生的其他事件例如英吉利海峡隧道的开通和爱沙尼亚号海难[①]相比，埃塞俄比亚航空劫机事件发生的时间我也不记得。但我在查阅资料后发现，这本是一个不应轻易忘掉的、极不寻常的故事。1996年11月23日，在原定由亚的斯亚贝巴前往内罗毕的埃塞俄比亚航空961号班机上，三名年轻人突然闯进驾驶舱，通过机舱内部广播系统宣称他们刚从埃塞俄比亚的监狱中被释放，希望寻求政治庇护，他们因持有不同政见而在埃塞俄比亚国内存在危险。三个人宣称自己身上有炸弹，但后来发现那只是一瓶饮料。他们选择这个航班，是因为看到航空杂志上介绍这架飞机可以无须加油一路飞到澳大利亚，于是认为这很适合用来逃亡。但他们并不知道这只是一次中转航班，飞机的油箱并未加满。飞行员向他们解释并恳求他们改变计划，但三名劫匪不为所动，认为那都是骗人的，并坚持让飞行员将飞机朝澳大利亚的方向驶去。飞行员知道飞机根本飞不了那么远，于是驾驶飞机一直沿着非洲海岸线飞行，希望在燃料耗尽时能在科摩罗群岛紧急迫降。这是一次不寻常的劫机事件，因为整整4个小时中，劫机者都允许乘客和空乘人员正常活动，就像根本没有劫机这回事一样。乘客们知道劫匪的存在，甚至有人计划在飞

164

① 这两件事实际上都是1994年发生的。——译者注

机着陆后将劫匪就地生擒，但他们并不知道在驾驶舱中飞行员与劫匪发生的争论。他们继续照常吃东西，阅读，睡觉。考虑到当时的情况，这是很奇怪的。

当飞机靠近科摩罗群岛时，如飞行员预料的一样，飞机燃料已经不足。飞行员知道这是安全着陆的唯一机会，于是他开始降低飞行高度。劫匪察觉后，马上开始抢夺飞行员对飞机的控制权，结果争斗扰乱了飞行员对飞机的控制，飞机错失了跑道，落入了目标岛屿岸边的浅海中。这是航空史上出现的大型飞机掉入水中的仅有的几次事故之一。通常航空安全手册会告知乘客，当飞机落水时，会有一段时间仍浮在水面上，乘客应保持冷静，脱掉高跟鞋，从紧急滑道滑下离开飞机，并用口哨呼救。但这种大型飞机很少能在水面上浮起来，它直接沉入了海底。即使是降落在浅海中，这样的撞击对很多乘客而言仍是致命的。飞机的一侧撞上珊瑚礁，使这一侧完全断裂。正在附近度假的潜水者和当地居民冲向现场抢救，但175名乘客和机组人员中仍有123人在事故中死亡。今天这起事故成了飞行机组人员安全培训的案例，因为事故中一些原本有可能在冲撞中幸存的乘客在穿救生衣时犯了一个致命的错误——他们在离开机舱之前就将救生衣充气。充气后救生衣将他们带到机舱顶部，但上面都是水和溺死的人。

飞行员勒尔·阿巴特（Leul Abate）在这次考验中幸存并因他的英勇而得到表彰。事故的丧生者中包括摄影师、摄影记者穆罕默德·阿明（Mohammed Amin），他因拍摄1984年埃塞俄比亚饥荒的照片而出名。巧合的是，在劫机事件发生时，他已经成为埃塞俄比亚航空杂志的出版人，正是这本杂志让劫机者将这架飞机作为逃离他们国家的选择。

正如我所说的，这确实是一个极不寻常的事故，如果下次有人提起这件事我很可能记起它，估计你也会。但因为我们是否记得出生后某件事的发生时间与我们对这件事了解的多少并无直接联系，因此我们并不一定会记住这件事发生的时间离现在多久。对我们来说，这件事并不与某个日期紧紧联系在一起。很多人不记得这起劫机事件这一事实突出了研究自传式记忆和了解时间压缩产生频率中存在的一个困难，即如果一个人从没听说过埃塞俄比亚航空劫机事件，你就无法测试他判断这件事发生时间的能力。研究短期记忆很简单，你可以要求人们记下一组单词，在不同条件下对他们进行测试，然后根据他们记忆的准确性进行打分。新闻事件看起来具有普适性，可实际上并非如此。如果你从未听说某个事件例如埃塞俄比亚航空劫机事件，不管你的记忆如何发达，你永远不可能记得它发生的时间。一个另外的解决办法是用私人事件来测试人们的自传式记忆，但这又会带来两个新问题：一是每个人的个体记忆都不同，二是这些记忆的真实性很难确认。我记得祖父曾经带我去看过一个航空表演，中间有一个摩托车手骑车飞跃一排双层巴士的表演。那是一天表演的高潮部分，吸引了成百上千的观众驻足观望。这看起来是不可能完成的任务，他能顺利越过吗？他肯定会撞到巴士上。他从很远的距离开始启动，一路爬上斜坡，然后起飞。随后，在他腾空时，观众发出阵阵叹息，因为他们发现摩托车手肯定没法越过巴士。果然他摔在巴士上，擦过巴士顶部边缘，然后掉在草地上。救护车和工作人员赶紧冲过去，但已经太迟了。他被抬上担架，头上盖着一块橙色的毯子。我记得很清楚。祖父尝试阻止我们看到事故现场，然后带着我们找我们的车。或许实际情况根本不是这样的。我姐姐告诉我那不是航空展，而是一场农业展览；带我们去的是年长的邻居，而不是祖父；摩托车手也没有丧命；他确实摔了下来，

166

但只是腿受了伤。我姐姐比我大 4 岁，她很可能是对的。但我们不同的记忆说明评估自传式记忆以及弄清它在时间感知中起到的作用有多么复杂。如果每个记忆的准确性都需要核实，我们怎么判断谁的记忆力更好，谁的记忆力更差？

167

连续 5 年每天记下两件事

心理学家通过一些手段避免了上面的一些问题，包括询问人们一件事发生的日期，然后与他们的日记或其他参考资料核对来判断回答的准确性。但有一位研究者采取了更极端的方法，我猜这个方法可能会得到戈登·贝尔的认同。1972 年，玛丽格尔德·林顿（Marigold Linton）认为应该找人每天记下自己身上发生的事情，不管多么琐碎。这样几年后，每个自传式记忆的准确度和发生的时间都能进行测试了。在身边寻找了一圈适合进行这个实验的小白鼠后，林顿找到了一个易于接近、可靠，最关键的是，已经准备好进行连续 5 年每天不间断研究的人。跟随着很多前人科学家的脚步，她确定只有一个对象能胜任这个工作，那就是她自己。她认真严谨的本性从未受到质疑，作为美洲大陆原住民部落卡胡拉-库佩尼奥（Cahuilla-Cupeno）的一员，她是历史上第一位来自加州原住民居住地的大学生。当她拿到大学里第一张成绩单，发现自己全部拿了 A 时，她非常惊讶，甚至想把成绩单还给学校办公室，因为她确信这张成绩单肯定是别人的。她发现研究自己的记忆比她预想的要有趣得多。[62]

她把这个研究叫作“连续 5 年每天记下两件事”，而这个名字只描述了研究的第一部分。实际上她连续 10 年每晚都会在她盐湖城的家中坐下，在一张 6 英寸（约 15.24 厘米）宽 4 英寸（约 10.16 厘米）长的空白档案卡上打出三行内容描述当天自己身上发生的一件事。每个经历她都要考虑片刻，评出每件事的易混淆性、情绪水平、重要性、日期可推测性、日后与他人说起这件事的可能性，以及它是否属于系列事件中的某个一环节（例如一个共有 12 课时课程中的一节）。她在卡片的反面写下当天的日期，并将它与这个月的其他卡片混放在一起。每个月的第一天是测试日（也是充满考验的一天），她要从前几个月的卡片中随机抽出两张，只看卡片正面的事件描述，不看背面的日期，判断两件事发生的先后顺序，以及它们发生的时间，并由秒表记录自己完成此测试的时间。这项测试的目的是评估一种特殊的时间知觉能力——将事件对应放置在时间中。

168

林顿采用的每天记录下发生在自己身上的事情，并在将来用以测验的方法已经被更多人采用。但这个方法存在的问题是它不可能对完整的自传式记忆进行评估，它测试的内容是经个人筛选过的。不可避免的是，人们每天选择记录在卡片上的事情都是最突出的，也是在他们记忆中最深刻的。因此，记忆的选择性会影响后面测试的内容。你大概不会把寄信时不小心把信掉在地上这件事记下来，但由于你不会记下这件事，那么你也不会对这件事进行测试。尽管存在不足，但这些日记的研究毕竟还是让我们开始了解我们记住的那些事件、记忆如何将它们排序，以及这些自传式记忆如何在我们身上产生其相对时间及相对个人历史的意义。

169

在每次测试后，林顿都将测试用的卡片放回原位，这就是说如果碰巧的话有些卡片上的事件有可能不止一次地出现在测试中。结果发现，正是这些在测试中多次出现事件的日期是她记得最清楚的，这说明一件事被谈论或思考得越多，你就越有可能在后来回忆起这件事并记得它的日期。“9·11”事件就是一个极为典型的例子，这是一个我们绝不会忘记日期的事件，不仅因为它常常被提起，更因为这起事件是以它的发生时间而命名的。而自己身上发生的、人们可能认为记忆最深刻的，是那些比较糟糕的事，但林顿的发现却正好相反。这同样可能与我们在大脑中重现某些画面的方式有关。如某次在众人面前的尴尬经历可能会使我们担心一阵子，但我们不会像看18岁生日聚会照片那样在日后多次重温尴尬时刻（尽管现在的社交网站上人们越来越多地把好的与坏的时刻都发布在网上，但这种情况在未来可能会发生改变）。

这叫作“影响淡化偏差”（fading effect bias）——这可能不太符合人的第一直觉——指的是消极事件会随着时间在记忆中淡化，而积极事件的快乐并不会随着时间消退。这在理论上的解释是：谈论的是过去的好事还是坏事会对记忆产生不同的影响。每次谈论起过去的美好时光，你都会重温那段记忆并会产生温暖的感觉，但创伤后应激障碍（post-traumatic stress disorder）的极端病例除外；而谈论过去不开心时刻的次数越多，它的负面效果就会越来越小。这让我们能够忍受痛苦并向前看。[63]我们甚至会认为成功离现在更近，尴尬事件离现在更远，似乎时间会为了保护我们的自尊而发生扭曲。[64]

在一系列使用日记进行的研究中，心理学家约翰·斯科隆斯基（John Skowronski）请学生们每天在日记中记下一件当天发生并可能不会在一个学期内出现第二次的事情。他发现了有趣的结果，同时承认这项研究吸引人的地方之一是学生们在匿名的情况下透露了大量的私人信息，尽管事先已经要求他们保持谨慎。两个月后，研究人员从每名学生的日记中随机选出两件事，请学生们判断两件事发生的先后，以及两件事发生在星期几及其日期。女生做得比男生稍好，但大部分人还是答错了日期。有的理论认为女性做得比男性好是因为在家庭中女性总是负责家庭事务的时间安排，但这些参加实验的都是年轻的学生，所以我认为这个理论未必成立。也许是她们组织了更多社会活动，让她们能够更好地记住日期。意料之中的是，发生越早的事，学生们就越容易记错。事情发生的时间早一个星期，他们判断的误差就多一天。猜出星期几比猜出日期更容易，所以人们可能记得一件事发生在星期二，但很难记清是发生在哪个星期二。周末与工作日有很清晰的分界线，因此人们可能会说某件事要么发生在周一要么发生在周二，但绝不会说要么是周日要么是周一。[65]

看来，在记忆的优先次序上，事件发生的时间处在较低的位置。在连续 6 年坚持每日记录后，荷兰心理学家威廉·魏根纳（Willem Wagenaar）发现一件事的地点、人物与内容能够被很好地记住，但时间却并不容易记住。[66]我对这些研究感兴趣的原因是它们能告诉我们关于时间压缩现象（即你认为一件事发生的时间离现在比实际更近）的更多信息，更重要的是，时间压缩是否会造成年龄越大时间越快的感觉。

以上研究的结果发现，时间压缩也能在个人记忆中出现——正如在新闻事件的记忆中出现一样——并不会因事件的愉快或悲伤而产生什么差异，同时斯科隆斯基再次发现，如果我们对某件事记忆模糊，我们会更倾向于认为它发生在较早以前。这看起来说得通，而且也与记忆清晰度假说吻合。我们知道记忆会慢慢淡忘，那么如果人无法清晰回忆起某事，就会认为那件事一定发生在很久以前。这些理论有时也被称为“痕迹强度”（trace strength）理论，最早出现在 19 世纪。它认为记忆的痕迹越强，我们就会认为它发生的时间离现在越近。但实际上这种理论并不成立。尽管我们确实认为记不清的事情发生在很久以前，而那些记忆清晰的个人经历，我们往往还是能记住它们的日期，尤其是最近4个月发生的事情。

然而我们还是经常会在日期上犯错误，与日期有关的问题不仅仅出现在问答游戏中，有的也事关重大。这一现象甚至会对公共政策造成影响。政府机构和其他社会组织经常使用包含事件日期问题的问卷调查来搜集信息，为做出各种决策提供依据，如从政府制定管理反社会行为的政策到保险公司确定保险费率。当你接到民意调查电话时，其标准流程中包括了将事项置于某个时间框架中进行讨论。如果他们想了解你使用社区休闲设施的情况，他们并不想知道你在1999年曾经在社区游泳池里游过泳，他们想了解的是你在过去12个月里的行为。这能使他们确信得到了最新结果。如果地方管理委员会想研究增加社区街道巡逻警力的政策所带来的影响，他们不需要你报告5年前感到危险的一次事件，他们只需要你回忆在过去一年中发生的事件。问题是人们经常把时间弄错。有一次我接受本地一项关于犯罪的调查时，我想告诉他们有一次两个10岁的男孩在放学路上拿着一把塑料玩具枪指着我喊道："我们要把你的屁股打开花！"（这并不是我瞎编的，你会知道我为什么想提起这件事。）随后我突然想起这件事实际上至少发生在好几年以前了，但我们倾向于将一些突出事件在时间中向前压缩，这说明（在并非有意引起误导的情况下）我可能很容易地就给出了错误信息。如果其他人也一样，就说明调查得到的犯罪数据比实际更高。

在保险行业也存在类似的情况。当保险公司询问客户过去3年中开车出现交通事故的记录时，即使我们签下表格承诺自己给出的都是真实信息，但因为准确判断一件事情的日期十分困难，不管是否有意，我们可能都未必讲了真话。交通事故一般并不常见，同时也很有警示性，因此我们通常认为它们会被深深地记在脑海中，但既然我们已经知道负面的记忆会随着时间失去效力，人们完全忘掉自己经历过的交通事故也不值得奇怪。一项研究将驾车司机的回忆与第三方事故记录进行比较后发现，实际发生的交通事故中有 1/4 被当事人忘掉了。[67]时间压缩以及许多其他因素对这种现象产生的影响，可能导致不准确的调查结果，进而影响公共政策的制定。例如政府在为公众提供家庭医生服务时，为了确定向某区域提供的家庭医生（又称为全科医生）的数量，并不会只依据记录在案的病人的真实看病次数，而是会询问普通市民过去 3 年里看医生的次数。如果每个人都错误计算了额外看医生的次数，这就会相当大地影响数据的真实性。一项研究中，200 名阿尔伯塔大学（University of Alberta）的学生被问到过去 2 个月里去看了几次医生，结果很多学生把很久前的看病经历都统计了进来。[68]另外，人们为何经常无法遵医嘱按期去看牙医的原因之一（当然还有其他原因）是，他们总感觉上次去看牙医是在不久以前。

2010 年，加拿大温哥华冬奥会的主治牙医克里斯·泽德（Chris Zed）告诉我，尽管参加奥运会的选手都是精英运动员，对自己的身体有非常好的保养，但他们的牙齿健康状况却出人意料的糟糕。这届冬奥会安排了 75 名牙医为运动员们提供服务，部分原因是为了应对不可避免的事故，例如在自由式滑雪障碍赛中，任何错过了第二个陡坡的人都很容易摔坏下巴而需要牙医治疗。另外，他们还有一个目的就是抓住一切机会检查运动员的口腔。由于职业运动员需要长期在外征战，因此他们很难定期进行牙科检查，另外这些运动员有着超乎常人忍受疼痛的能力，就算口腔里出现了常人难以忍受的脓肿，他们仍会

174

坚持训练。在这75名牙医看来，就算有的运动员下一次看牙医是在2014年的俄罗斯冬奥会[①]，他们也不会觉得奇怪。这些滑雪运动员与滑冰运动员可能确实有定期进行检查的意愿，但他们都太忙了，时间对他们来说过得太快。只有到了2014年，当他们躺在椅子上接受牙医的检查时，才会想起上次看牙医还是在2010年的温哥华，并突然意识到时间已经过去了4年了。只有到那时，四年一届的冬奥会作为时间的标记才提醒他们记起上次检查的时间。但也只有这样的时间标记才能解决调查结果失真的问题。

想想过去两个月中，和多少朋友在一起度过一个晚上。

你有可能在回答上面问题的时候把超过两个月以前见到的朋友也错误地计算在其中了。我们很容易犯这样的错误，但也很容易避免。有一种能提高调查结果准确性及我们自己估算时间能力的方法是改变问题的表述方式，在问题中加入明显的时间参照物。因此，与其问“过去的一年里你去看了几次医生”，不如问“从元旦那天开始到现在你看了几次医生”。时间的地标（例如上面的“元旦”）给人们提供了一个坚固的时间支点，让人更容易判断哪些事情发生在该点以前，哪些发生在该点以后。大脑要想在总体上重新组织记忆，只需进行最低限度的认知活动，但如果被问到某个具体的日期，我们就不得不将某个记忆与另外的时间地标相比较，这样更有可能得出正确的时间。

① 这届冬奥会，即第22届冬奥会，已经于2014年02月07日～02月23日在俄罗斯的索契市举行。——译者注

记忆的时间标签

175

鲍勃·佩特雷拉（Bob Petrella）是一个迈入中年的美国电视制作人，他可以记住一切。他记得自己有过的每段对话，记得自己去过的每个地方。当他弄丢了手机，他也不用担心失去联系人的号码，因为全都记在了心里。这是因为他是全世界仅有的20个被确认为得了超忆症（hyperthymesia）或超常自传式记忆（Superior Autobiographical Memory）的人之一。这是一种新发现的症状，是由美国神经科学家詹姆斯·麦克高夫（James McGough）偶然发现的，于是麦克高夫投身到了关于记忆的研究中。2000年一位女士和他取得联系，想告诉他自己的问题。麦克高夫对此习以为常，他向这位女士耐心地解释自己在加州大学欧文分校（University of California Irvine）的部门只负责对记忆问题进行研究，并不能提供治疗。但这位女士碰上的实际上并不是记忆问题，完全相反，她告诉麦克高夫自己什么事情都不会忘记。这引起了麦克高夫的好奇，他于是同意见这位女士，并很快发现她说的都是事实。她确实能记住任何事情。自那以后麦克高夫又发现有19个人有同样的能力，包括佩特雷拉。不用说记住本章开头那些新闻事件的发生日期，他甚至可以反过来，任意指定一个日期，他会告诉你在那天世界上发生了哪些事件。当他上学时，他认为考试相当简单，甚至不理解为什么其他同学还需要复习。他似乎知道任何事情，除了自己的大脑相当与众不同这一事实。麦克高夫正在研究佩特雷拉和其他19位拥有此能力者们的大脑和他们的基因构成，试图弄清他们如何做到这一点。麦克高夫已经发现他

176

们大脑中的白质和灰质与正常人存在结构上的差异，他还希望在将来对他们超人记忆能力的研究能够让我们对大脑记忆活动有更深的了解，并帮助我们找到解决记忆困难问题的办法。

佩特雷拉记得他看过的每场足球比赛的日期，他也十分擅长分毫不差地说出事件日期。尽管其他人经常把时间弄错，我们还是能够正确记住大概10%的日期。有时我们能够通过重组记忆将日期算出，并将这些日期与那个月或那一年里的其他记忆联系起来。偶尔的情况下我们就是知道某件事的确切日期，不需要联系记忆来证实。而我们如何做到这一点则是个谜。一种理论认为，在某些情况下当我们创造某个记忆的时候，同时形成有某种关于时间的标签附在这个记忆上。这种时间的标签能够直接告诉我们事件发生的时间，并能解释这种零星出现的准确判断。但这还是没有解释为何其他90%的记忆并没有附上这种时间标签。

如果我请你把本章开头列出的事件按时间排序而不用答出它们发生的具体日期，你会发现这项任务容易许多。然而，这对大脑中与记忆新事物有关的区域受损的人们来说却很困难，这再次说明了记忆对时间知觉是多么重要。神经学家安东尼奥·达马西奥（Antonio Damasio）发现患有健忘症的人也会丢掉这些记忆上的时间标签，判断某件事发生在什么年代对他们来说都是不可能完成的任务。记忆的缺失会带来一个真正的问题：如果我们不能创造储存记忆，我们就无法理解自己生命的编年史，以及自己在世界中的位置。达马西奥请健康的正常人按照时间顺序排出自己的私人事件与公共事件，结果发现人们平均的时间误差是2年。当因基底前脑区域受损而患有失忆症的人们进行相同的测试时，他们的平均误差是5年以上。接下来是真正有趣的地方，那些因大脑的另一个区域——前额叶受损而患有失忆症的人对事件本身的记忆更加模糊，但依然能通过标签说出一些事情的时间。这说明记忆本身的细节与记忆上的时间标签是由两个不同的机制完成的。达马西奥发现这个结论与他在病人身上发现的一致，那些基底前脑受损的病人仍然能够产生新的记忆，但它们对时间的排序可能出现错误。

当你尝试判断某件事情何时发生时，你可能算出某一个框架的时间，但不能算出另一个。你也许不知道某件事发生在哪一年，但你知道那是一个星期六。关于时间的记忆并不像其他记忆那样存在一种线性层次。例如对人脸的记忆，当你看到一张演员的照片时也许想不起他的名字，但你很可能确定他是一个演员，这是因为职业处于记忆的更高级别。人们不会说“这是伊桑·霍克（Ethan Hawke），但我想不起来他是干什么的了”，而会说“这是一个演员，但我不记得他叫什么名字了”。时间的记忆则不同。拿戴安娜王妃去世的例子来说，与约翰·肯尼迪总统被刺杀的消息一样，这是一起突发事件，人们谈论起这件事时，通常都会提起听到消息时自己在做什么。人们不一定记得具体的日期，但很可能记得那是星期几，因为戴安娜王妃遭遇车祸是在星期六的午夜，很多人是直到星期天早晨起床才知道这个消息。对很多人来说，星期天与其他时间是不同的，这更令人记忆深刻。如果这件事发生在某个工作日，人们会更难记住那是星期几。你也更有可能记得在有特殊个人意义的日子里发生的新闻事件的日期，所以那些你从来不会忘记的事件通常是个人事务与公共事务的交叉点。如果迈克尔·杰克逊在你 30 岁生日那天去世，朋友们在你的生日聚会上讨论他的去世并重温他的经典歌曲，你就可能永远不会忘记他去世的日期。

178

总的来说，你最有可能记住在一个特殊的、生动的、有个人意义的日子里发生的事件的日期，而且这会让你在事后反复回味。

一切都在震动

1986年1月31日星期五的上午，一位女士正在俄亥俄州门托市的一家商场购物，时间是上午11点48分，她正在思考该买些什么，看上去一切正常。但1分钟后，一切都不正常了。商品从货架上掉落，衣架开始摇摆，整个商场似乎都在晃动。她不明白发生了什么。人们涌向最近的出口，当她也走向出口时，突然感到什么东西砸在自己的头上，她的手在脸上摸到了血迹，同时看见了击中自己头部的天花板瓦片，她才意识到发生了什么——地震。

179

谣言立刻四处传开——有人死了，有房子倒塌了。实际上并没有任何设施或民居遭到损坏，地震的强度其实并不高，只有里氏4.96级。有约15人因感冒或焦虑接受治疗，一个小女孩因被碎玻璃刮伤而缝了几针，医生们也很快对前述这位女士头部出血的伤口进行了处理。从地质学的角度来看，这并不是一次严重的地震，但对数以千计的人们来说，这一天变得比较特别。这些人当中，有的人可能会向当地地质学会电话咨询，有的人可能从核电站附近撤离，有的人可能发现当地井水的颜色发生了变化。而一位校车司机贝蒂向当地的《发言人报》(*The Spokesman*)表示，她一生中经历了许多次龙卷风和洪水，但从未遭遇过这样的情况；还有沙朗镇的镇长，他亲眼看见政府办公楼的墙上出现了一条4英尺（约1.2米）长的裂缝，吓得工作人员纷纷慌忙逃离。

长期以来，心理学家们总会抓住一切难得的机会对那些特殊情况进行研究，而这些特殊情况都是无法在实验室中人工创造的。1958 年的某天，著名的视知觉专家理查德·格雷戈里(Richard Gregory)在报纸上读到一则报道外科医生通过手术帮助一个失明长达 50 年的患者恢复视力的新闻。这对格雷戈里来说是一个完美的机会，这个案例可以用来研究人是否能够自动通过视觉观察并理解这个世界，还是大脑需要经过若干年的学习才能理解从视觉传递进来的信息。格雷戈里在车里塞满需要的测量仪器后直奔医院，找到了这位在文献中记载的姓名缩写为 S. B. 的男子。随后的案例研究（答案是：我们需要学习才能理解视觉感受到的信息）闻名世界。更近的研究来自芭芭拉·弗雷德里克森（Barbara Frederickson），她恰好在 2001 年“9·11”事件发生前几个月对一组学生进行了心理韧性(psychological resilience)测试。在“9·11”事件发生后，她发现这是难得一遇的机会来研究一个令人震惊的事件如何对人的乐观程度造成影响，以及造成影响的大小与人的心理韧性高低的关联（令人意外的答案是：心理韧性最高的人在“9·11”悲剧发生后反而变得更乐观了）。[69]

180

心理学家威廉·弗里德曼（William Friedman）发现了将俄亥俄州门托市地震用作研究时间知觉案例的潜力。我之前提到用新闻事件（例如埃塞俄比亚航空劫机事件）来研究人们的时间知觉存在的问题，即并不是所有人都知道所有新闻事件，就算知道，他们知道消息的时间也有所不同，有可能是几小时后、几天后，甚至几个月后。但所有经历地震的人们在地震发生的那一刻就觉察到了。

门托市地震发生 9 个月后，弗里德曼对附近奥柏林学院(Oberlin College)的所有工作人员进行了问卷调查，让他们回答出地震发生的年份、月份、日期、当天的时间、星期几。大多数人答出的时间都在地震真实发生时间的一个小时之内，但他们却很难正确答出那天是星期几。[70]这又一次让我们对自己如

181 何利用不存在于工作日中的信息碎片对过去的时间进行重组有了一些了解。弗里德曼发现，即使 4 岁的小孩都能告诉他地震发生在一天当中的时刻，但他们通常在 6 岁之前都无法理解如“月份”这种抽象概念的意义。偶尔我们会尝试利用一些场景中的非直接因素来推断日期——天气如何，天空是否很阴沉？或者我们将这件事与某个确定日期的信息联系起来——那是发生在圣诞节前后的吗？你也许可以推算出马尔维纳斯群岛战争发生的年份，因为你记得那年撒切尔夫人当政或是当时自己正在上学。研究员阿莱克斯·弗拉德拉（Alex Fradera）和杰米·沃德（就是那个前面提到进行不同感官联觉现象研究的杰米·沃德）发现，如果请人们首先在纸上列出自己人生经历的时间表，然后在时间表上插入新闻事件，这样一来他们对新闻事件时间的判断会比在没有参考个人经历时间表的情况下要更准确，不管他们认为那些新闻事件是否令人震撼。当需要判断一个新闻事件的发生时间时，你也可以有意识地采用这种方法，尽可能多地回想在那个新闻事件发生前后与自己个人经历的联系。

在第六章里我会介绍一些其他的判断事件日期及减少时间折叠效应的技巧，但现在我要首先介绍其中的一个。心理学家约翰·格罗杰（John Groeger）请人们回忆自己曾经遭遇过哪些交通事故，他发现若人们在回忆中从过去开始向现在计算，所得出的事故数量比从现在开始向过去计算得出的要多。著名心理学家、错误记忆（false-memory）专家伊丽莎白·洛夫特

182 斯（Elisabeth Loftus）发现，若请人先思考一个较长的时间跨

度，然后将时间段缩小，可以提高判断事件发生时间的准确度。因此，如果你想知道自己在过去 6 个月内到底去看了几次医生，不妨首先拿一件大约发生在一年前的个人里程碑事件作为参考，从这个点开始在记忆中向现在计算。随后，将时间范围缩小到最近的 6 个月，并重复上面的计算过程。

一千个日夜

要准确算出某个事件发生的时间，你要记住两个月是一个临界点。在实验中，两个月这个临界点一次又一次地出现。如果某件事发生在两个月以前，它实际发生的时间很有可能比你所认为的要更早。就是说如果你认为某件事发生在 6 个月以前，把这段时间再加一个月后可能更接近正确答案；如果你认为某件事发生在 8 年前，那实际上有可能是 9 年前。

判断公共事件发生的时间对我们来说更难，这些记忆在大脑中处理及储存的方式和区域可能有所不同。很多实验都发现记忆也存在另外一个临界点——1000 天，或大概 3 年。3 年似乎是我们最擅长判断的一个时间长度。当查克·贝里向我讲述他那次滑翔机事故时，他判断那件事发生在距当时 3 年前，但他并不确定。我找到一份那次事故的报告核对日期，发现事故的发生时间距他向我讲述事故那天正好相隔 3 年差两个星期。他猜得基本正确。当然 3 年只是研究得出的平均结果，并不是每件事都遵循这一规律，但回头看本章开头的事件列表，你可能发现那些发生在 3 年前的新闻正好是自己能答对发生时间的。如果你认为一个新闻事件发生的时间早于 3 年前，那么你应该把估计结果再加一段时间，估计离现在的时间越久，应该加上的时间就越长；但如果你认为某个新闻事件发生时间距今小于3年但长于3个月，你可能会低估它距今的时间长度，时间会向后压缩。在第六章我还会详细阐述这一奇怪现象。

那么以上这些都能告诉我们一些如何将事件安排进时间内，以及我们如何更精确地判断时间的方法，但我们还有一个更大的问题尚未解决：为何年龄越大，感觉时间过得越快？时间折叠现象是否能够充分解释这种时间扭曲的感觉？首先存在一个数字上的问题。在很多关于时间折叠现象的研究中，研究人员都要求参与者在某个特定的时间框架内进行回忆，例如过去的6年中。从数学角度来看，人们的判断会出现不可避免的错误，将事件发生的时间向6年时间段的中间扭曲。他们知道事件发生的时间不可能早于6年前，这让他们给出离现在更近的答案。这可能会是一些明显的时间折叠现象产生的原因。

人的年龄也会产生影响。在苏珊·克劳利和琳达·普林的经典实验中，例如本章开头“撒切尔夫人何时卸任首相”等问题被用来对不同年龄组的对象进行测试。在18～21岁组的题目中删去了年代最久远的事件，但测试结果最好的是35～50岁组，他们做得比60岁以上组更好。而中年组出现错误时，他们会向前压缩时间，与我们根据“年纪越大感觉时间越快”所做出的推测相同。但是60岁以上组则有很大不同。他们会犯更多错误，但并不是因为时间向前压缩，他们更倾向认为事件发生的时间比实际更早，心理学家们原本认为这种倾向只出现在最近几周发生的事件上，而不会出现在较久远的事件上例如撒切尔夫人的离任或约翰·列侬被枪杀等。[71]尽管年纪较大的人非常擅于（实际上比其他年龄组都强）判断具有很强故事性新闻事件的日期，例如英国空军特别部队突袭伦敦的伊朗驻英国大使馆，或挑战者号航天飞机失事等事件，但他们却认为发生在英国小镇汉格福德（Hangerford）的屠杀的发生时间比实际早了6年半。是因为中年人对新闻有更浓厚的兴趣，还是老年人已相当习惯于时间的飞速流逝和自己判断时间的失准，于是在判断时会有意地过分补偿这些偏差，使得他们对时间的判断过于久远？

我们现在更多需要记住的是名字而非日期，这也许是一件幸事，因为该领域的研究人员经常反映人们不太喜欢参加这种关于时间的测试。测试看起来简单直接，但有的参与者甚至会因发现自己无法记住著名事件的时间而感到痛苦。为什么我们会因此感到如此不安？斯科隆斯基认为这种痛苦是因判断时间的能力与自我形象间存在的密切联系造成的。当自我形象发生较大改变时，对时间流逝的判断就更加容易。每个新任父母都能轻松判断出一件事发生在孩子出生前还是出生后。就是这种自我身份与时间知觉间的紧密关联，使我们在无法准确判断时间时产生不安情绪。我们认为自己掌握了那些在自己生命区间中发生的新闻事件，认为这些新闻事件几乎是我们生命的一部分，而在个人事件上这种感觉更为强烈，因此如果我们无法猜出某件事于何时发生，我们便产生一种失控感。连续写了6年日记的荷兰心理学家威廉·魏根纳用自传式记忆对自己进行测试的体验不仅仅是无聊，而且一定相当不愉快。

185

玛丽格尔德·林顿也并不享受对自己进行实验的过程。当选择自己作为最终极的可信赖的实验对象后，她很快就对自己的努力感到失望。随着一年年过去，用来测试记忆的卡片越来越多，每个月第一天的测试渐渐开始需要花几个小时的时间，她需要对自己测试多达215个事件。她写道自己曾经“非常期待找到一位完全可驾驭的对象进行合作，这个合作对象能够按时参加测试，充满动力并且能长期坚持。这个想法根本就是错误的。我现在经常不听话，充满愤恨，并容易分心，尤其是在测试日变得越来越漫长的时候”。有时，她干脆把进行测试这事给忘了。

这些研究尽管对参与者们来说显得很无趣，但它们对于理解一年年时间流逝的体验却至关重要。然而，时间压缩理论并不能完全解释为何随着年龄增大感觉时间变快。对新闻事件和个人事件的研究发现，时间折叠现象的发生频率并不如我们所预想的那般频繁。如果时间压缩理论能成为一种完全的解释，那么随着人年龄越大，时间向前压缩现象发生得应该更加频繁，但实际上是中年人最常出现时间向前压缩现象。毫无疑问，时间压缩现象会在某些时候出现，该领域的研究也能告诉我们大量帮助我们提高判断时间准确度的方法，但与比例理论一样，时间压缩理论也难以完全解释随着年龄增大感觉时间过得更快的现象。

怀旧性记忆上涨

从过去的生活中回想起几个令你开心异常，以及几个令你难过或恐惧的经历。这些事情发生时你多大？有可能它们中的一些（尽管不是全部）是发生在15～25岁间。心理学家们发现，在记忆中来自发生在这一时期的部分在数量上占了大多数。这个现象被称为“怀旧性记忆上涨”（reminiscence bump）。这种上涨可能是造成年龄越大感觉时间越快现象的关键。

怀旧性记忆上涨不仅包括了对事件的回忆，我们甚至能记住更多在20岁左右时看过的电影里的场景和读过的书本中的内容。如果你重新看本章开头的事件列表，你可能发现能正确答出日期的事件中有很多都发生于你的怀旧性记忆上涨期间。这种上涨甚至还能被进一步细分：我们记得最清楚的大新闻往往发生在上涨期间的前半部分，而我们记忆最深刻的个人经历往往发生在上涨期间的后半部分。这是一个相当有力的发现，[187] 我们甚至可以依此大体推断一个人的年龄。请人们从记忆中说出一个名为“约翰（John）”的名人，他们很有可能选择一个在他们自己快 20 岁时名气很响的“约翰”。通过人们的回答，你可以大致判断出他们的年龄。1999 年进行的一项研究就采用了这种方法，50 多岁的人最多想起的是约翰·F. 肯尼迪（1961～1963 年担任美国总统），而 30 多岁的人最多选择了约翰·梅杰（John Major，1990～1997 年任英国首相）。而请人们选出一位“理查德（Richard）”时，30 多岁的人最多选择了英国电视节目主持人理查德·麦德利（Richard Madeley），40 多岁的人选择了流行歌手克里夫·理查德（Cliff Richard），年纪更大的人要么选择克里夫·理查德，要么选择了摇滚传奇小理查德（Little Richard）。另外还有人选择了理查德三世（Richard Ⅲ），当然理查德三世在这些人十几岁时早已不在人世，但这也许是因为人们十几岁时在学校里学习观赏了莎士比亚的著名戏剧《理查德三世》。[72]

怀旧性记忆上涨产生的关键是新鲜感。青春在我们记忆中如此清晰，是因为在这段时期中我们比 30 多岁或 40 多岁时有更多新鲜的人生体验。这是充满了“第一次”的时期：第一段性关系，第一份工作，第一次离开父母旅行，第一次在离家很远的地方生活，第一次真正对自己的生活有了许多选择。新鲜感对回忆有极强的影响，以至于即使在“怀旧性记忆上涨”期间，我们对一项新鲜体验的开始阶段都有更深刻的记忆。在成年人中进行的一项关于大学第一年回忆的研究中，41%的回忆都来自大学里的第一个星期，那个有最多新鲜事的星期。以上现象中，新鲜感并不能完全说明问题，儿童时期也充满了新鲜体验，但我们对儿童时期的记忆却不如对 20 岁左右时清晰。我们知道在青春期末段和成年之初，大脑会经历一段特殊的发育时期，因此一个尚未被证实的理论认为，大脑在这段时期可能非常高效，因此在这段时间产生的经历会形成最强的记忆。

我认为最合理的解释与自我身份有关。我们知道记忆与自我身份间存在着紧密的联系，记忆出错甚至会令人感到不适。这种联系也许能解释“怀旧性记忆上涨”。很多人在青春期末段与 20 岁开头的年纪时会开始思考例如“我是谁”“我要成为什么样的人”等问题。组织了“著名的约翰们”与“著名的理查德们”实验的利兹大学（University of Leeds）心理学家马丁·康韦（Martin Conway）提出，在这段自我身份形成时期，我们会在记忆中植入非常生动的记忆，并方便在以后随时回顾，使形成的自我身份保持完整与一致。如果该理论成立，可以推断出当人在青春期之后经历了某种较大的自我身份转换时，他们可能会出现第二次“怀旧性记忆上涨”，以巩固他们形成的新的自我身份。这也正是康韦在对历经磨难，终于在 20 世纪 70 年代脱离巴基斯坦统治，获得独立，开始新的生活的孟加拉国人民记忆的研究中发现的。[73]

将解释“怀旧性记忆上涨”的三种理论——大脑发育、自我身份寻找及新鲜体验结合在一起能形成一个强有力的解释。电视节目制作人早就聪明地发现并利用了这个现象，制作播放能唤起人们对自己青少年时代乡愁的节目吸引人们收看。乡愁是一种有趣的情感。我们以为这是一种温暖、积极的感受，然而它实际上包含了失落，也许还有一种希望过去能更幸福的情怀。它包含着苦乐参半的因素，以至于在以前乡愁这种情绪是不被鼓励的，甚至曾经被当作一种精神病。乡愁是1688年一位名叫约翰内斯·赫费尔（Johannes Hofer）的医生用来描述远离故乡的瑞士雇佣兵身上表现出的焦虑行为（他们会经常哭泣，拒绝进食，极端的情况下甚至会尝试自杀）而创造出的概念。在随后的两个世纪中，人们提出了各种奇怪的造成乡愁的实质性原因，包括认为流向大脑的血液因大气压强变化而受到影响，以及阿尔卑斯山母牛颈铃的响声会对脑细胞及鼓膜造成损伤。在1938年，乡愁被打上了“移民精神病”的标签，四类人群被认为是乡愁的高发对象：士兵、水手、移民者及第一年在寄宿学校就读的儿童。到了20世纪末，人们对乡愁的认识已经发生了翻天覆地的变化，乡愁变成温暖、柔软的感受，令现在的人们乐于沉浸其中。

在头脑中向过去进行时间旅行的能力对于自我身份的形成与确认至关重要。这种能力能够将我们的个性与在明知有限的生命中寻找意义的过程黏合。回顾过去会令自己不曾存在的将来显得更加遥远。乡愁也能发挥其社会作用，加强人与人之间的联系。当人与人之间有如此多的回忆可以分享，我们怎么会感到孤独呢？这可以提高我们的自尊，让当下更容易令人承受。奇怪的是我们甚至会对乡愁之情产生期待，我们会有意地成为某些事件中的一部分，这样在将来，我们就能与他人共同分享这些回忆。我们希望创造回忆，这样就可以说自己曾有过这段经历，不管是1985年的拯救生命演唱会（Live Aid），还是2012年伦敦奥运会。

190

乡愁甚至能给人在绝望中带来宽慰。维克托·弗兰克尔说在奥斯维辛集中营关押期间，他在乡愁中找到了安慰。他会刻意回忆起大量过去生活中的细节画面——坐公共汽车回家，走到家前门口，拿出钥匙，打开房门，然后将房间中的灯点亮。这些细节动作的回忆令他泪流满面，但他仍感到精神上的满足，并使痛苦在某种程度上得到缓解。

最适合回忆并感受到乡愁的时期就是在怀旧性记忆上涨期间。有人甚至认为，“怀旧性记忆上涨”可能就是造成人年龄越大、感觉时间过得越快的原因。如果来自 15 岁至 25 岁的记忆拥有额外的可接近性，以便我们形成与确认自我的身份，那么则由此可以推断，大量的鲜活记忆会使青少年时期感觉更长，因此时间过得更慢；而成年后突出事件发生的次数更少，使人感觉时间过得更快。这种感觉也与中年后生活中的时间地标越来越少的事实混在一起。当你年轻时，你可能每过一到两年就会搬家。例如，你很容易记起在哪几年里你读了大学，然后你去了哪些地方。但随着年龄增大，生活越来越稳定，搬家与换工作的频率越来越小，让这些没有变化的年份合并在了一起。

这确实能为随着年龄增长感觉时间过得越来越快的现象提供部分解释，但这仍然不算一个全面的解释，因为它只适用于这个如此特定的时间框架。它不能解释为何时间在 60 岁时会比 30 岁时过得更快。回忆的影响确实是部分原因，但若要进一步观察时间加速的本质，我们需要回到新鲜感及它的对立面——单调性。

191

记住那些时刻，而不是那些日子

玛丽格尔德·林顿之所以将不愉快的记忆连续研究数年坚持下去，是为弄清威廉·詹姆斯在 1890 年所著的《心理学原理》（*The Principles of Psychology*）提出的观点是否正确。例如詹姆斯在其著作中写道："随着我们年龄增长而缩短的时间是因记忆内容的单调，以及由此产生的回顾过去的简化造成的。"关于时间，詹姆斯写道："空虚、单调、熟悉度使得时间萎缩。"詹姆斯的观点与最近被称作"记忆效应"的理论相符，后者实际上更多是关于遗忘而非记忆的理论。

单调的生活是时间变快的罪魁祸首，通过对林顿在卡片上记下的内容分析来看，她每天生活的重点是一杯又一杯咖啡和一场又一场网球比赛。她也承认生活的千篇一律甚至让她自己都觉得惊讶。卡片上写着"我和杰夫一起喝了咖啡"或"在 4 点半我们复印完成了最后一份统计簿"。实事求是地说，这些事情也不完全是枯燥乏味的。有些在发生时看起来无足轻重的事情在几个月后看显得相当重要。有一天，她记下自己见到了一个"害羞的学者"。她没有对此做任何更多的说明，但后来，她开始和他约会，最终和他结婚。[74]看起来无趣的生活却完美地展现了记忆效应，这令她很惊讶。我们会忘掉那些经常重复发生的事情，而新鲜事物则显得很特别，让我们产生更强的记忆。试试下面这个实验：

192

> 试着回忆过去 2 周内你做过的所有事情，不要从日记、邮件或其他文件中寻求帮助。你可以想起多少件事？

在 2 周前，我刚开始这一章的写作；我还记得为了准备电台节目而对大概 5 个还是 6 个人进行了采访；在伦敦一家希腊餐厅参加了一个女性派对；观看了电影《灵通人士》（*In the Loop*）；还有一个踩着轮滑的人差点在人行道上撞到我，我避让后还对我大声喊叫。过去的 2 周看起来十分忙碌，但唯一有点特别的还是那个踩着轮滑的人。在几个月后当我重新读到上面的段落时，这本身就像个实验。我无法想起上面这些事情在时间上存在任何关联性，而且尽管我还记得那部电影和那个踩轮滑的人，但我却完全想不起采访的内容和目的。如果借助一些提示，我可能会想起研究的结果和一些采访的细节，但不会有任何关于时间的标记。就像意大利诗人切萨雷·帕维瑟（Cesare Pavese）说过的："我们不会记得那些日子，我们只会记得那些时刻。"

上面这个测试中，人们平均能记起6～9件事。然而如果让你回忆上次出国发生的事情，你很有可能记起远不止9件事，尤其是如果你去了几个不同的地方。几个月前，我去美国出差了12天，去了横跨3个时区的7个不同城市。我可以轻松地说出那段时间里发生的30件事，从围着威斯康星州麦迪逊市里一个冰冻的湖泊跑步，到趴在芝加哥的一堵墙上看墙后为了庆祝圣帕特里克节而被染成亮绿色的一条河；还有当我们在车上用卫星导航寻找我们的酒店时，它指引我们开到一个荒凉的工业区，在将车停在一个宜家商店（Ikea）的停车场后，卫星导航发出不容置疑的女声："你们已经到达目的地。"我们不相信这专断的导航，认为它出错了，但不幸的是我们发现汽车旅馆就在那里。尽管它发生的时间远远早于两周前，但我还是可以写下好几页关于那次旅行的故事。如果不同时期的记忆会随着时间同步褪色，那么发生在更早前的记忆应该更加模糊，但实际上反而是新鲜的事物一直鲜明地保存在记忆中。

我提到过在我们长大的过程中会慢慢学会一些世俗概念，让我们能够理解一年中的月份及季节变化的意义。它同样能让我们产生时间流逝快慢的概念，以及了解通常情况下一段时间内会发生多少件事情。我们学会计算一件事花费的时间，然后根据经历事件的数量依次算出总共经历的时间长度。当相同事件重复出现时，例如日复一日地上班，我们会认为这只过了很短时间。而当发觉一周年这样绝对的时间标记出现时，我们会突然一愣。如果在怀旧性记忆上涨期间的 10 年岁月里，我们已经习惯在短时间内接触大量的新鲜事物，等到我们 30 岁或 40 岁时，同样的时间长度只会产生更少记忆，我们会认为并没有经过太长时间，只是在发现又有一年一闪而过时会感到惊奇。

我认为生活的单调性与丰富性都是解释许多时间谜题的关键因素。生病时感觉时间过得很慢，你希望每小时每天都快点过去，这样你就能尽快好起来。然而，当你回顾这段生病的时期时，每时每刻病痛的煎熬却很难在记忆中找到痕迹。你记得自己曾经确实是病了，但是因为在家养病的一周内几乎没有发生什么值得注意的新鲜事，所以从记忆角度看，这似乎是丢失的一周。而一个美好假期则会出现完全相反的情况。在度假过程中，我们会感觉时间过得飞快，然而事后回顾这段假期却会觉得假期过得很长。这让我想到了“假期悖论”，一种终于可以解释所有时间小把戏的效应。

假期悖论

每天当汉斯·卡斯托普（Hans Castorp）用完早餐，他便开始为接下来的上午做好准备。他在私人凉廊的躺椅上躺下，熟练地用两条骆驼毛毯将自己的身体裹紧，一条从左向右，一条从右向左，将自己包成一个完美的包裹，只露出头部和肩膀感受着山间的凉风。他的躺椅以深红色实木制成，椅子顶部是转动轴，木头框架上铺着整平的垫子，能够从头到脚为他的整个身体提供支撑。躺椅永远放在同样的角度，与其他凉廊内住客的躺椅完美地排成一行。这几乎是他见过的最舒服的一把椅子。当望向户外的山峦时，卡斯托普知道一天已经开始，又是一个用来休息的一天。这正是他喜爱的时刻，一个能够思考前方广阔时间的时刻——没有其他事情可做。

卡斯托普是作家托马斯·曼（Thomas Mann）发表的小说《魔山》（*The Magic Mountain*）中一位年轻的德国英雄。这是一部很早的作品，但却似乎有前瞻性地预测了很多关于时间知觉的研究。卡斯托普来到瑞士的一家疗养院探望表兄弟，原本打算只呆 3 周，但最后却在那住了 7 年。在第一个星期里有很多东西需要学习，他熟悉了每日安排，见过了其他客人。但他很快注意到在他奇怪而空虚的生活中，时间发生了扭曲。人们提醒他，在疗养院山区，人们口中“上面的”一周与在家乡所指的一周概念并不相同。每天花大量时间在凉廊上躺着不动，他开始思考是否在身体不运动的时候时间会过得更慢（回想一下我之前提到的关于从往返加州的列车上车或下车时人们的时间知觉的研究）。小说的结构甚至都在某种程度上呼应了时间变化无常的特性。小说前 5 章对疗养院 7 年生活中各个微小时刻都做了细致的描述，然而当情节发展到卡斯托普离开疗养院时，情节描写开始加速，其后 6 年的时间的描述只用了两章。

托马斯·曼认为新鲜事物能用某种方式更新我们对时间的感受。一旦我们脱离原来一成不变的生活，来到一个新的地方，我们会改变自己的时间节奏。这可能意味着如果你想让自己的生活在感觉上过得长一些，解决方案就是连续地旅行。但托马斯·曼提出这种新的生活节奏只会持续 6～8 天，这段时间一过，新鲜感就会褪去。令人安慰的是这种新鲜感会在你回到家的那一刻重新出现，但这也只能持续几天，而那些“活力较低”的人群身上，这种新鲜感只能持续 24 小时。

托马斯·曼发现假期会产生一些奇特的关于时间知觉的现象，毫无疑问他是正确的。一个愉快的假期却令人失望地很快结束。与出发前数月对假期的期盼，以及为了攒钱而努力工作的过程相比，实际花在假期上的时间很短。例如某个持续一周的假期，刚开始花了几天在度假地安顿下来后，就只剩两三天了，然后突然发现马上就要离开了，不用多久你又在计算去机场的时间。一眨眼的工夫假期就过去了。相反的是，当你回到家又有一些奇怪的事情发生。当你回顾这段假期时，却感觉自己已经离开了相当长时间。真的只有一个星期吗？你得到两种同时发生的但却完全相反的时间体验。在度假期间你觉得时间过得很快，但事后回顾时，你却感觉自己好像已经离开家好几年了。旅行时间越长，奇怪的感觉就越强烈。这就是所谓的“假期悖论”。这个问题威廉·詹姆斯同样做过总结：“总的来看，充满各种不同有趣经历的时间在发生时好像很短，但我们回头看时却会觉得很长。另一方面，在一段空虚无聊的时间发生时感到很漫长，但事后回顾却会觉得很短暂。”假期就是前者的一个完美例子；后者体现在生病期间，或魔山里的生活，抑或是精神病医生维克托·弗兰克尔发现自己所处的一种更极端的情况。我在上一章中介绍过，弗兰克尔除了试图在纳粹集中营中控制自己的思想，还决心利用关押在集中营里的时间对人类大脑进行总体研究。他观察到的一个现象是，尽管每一天都过得很慢，但一个月却过得很快。“在集中营里，小的时间单位例如一天，充斥着可能时刻来临的拷打与疲惫，难熬的一天似乎没有尽头。而更长的时间单位例如一周，看起来过得更快。被关押的同伴也同意我所说的——在集中营里，一天比一周更漫长。”[75]弗兰克尔的体验与我们已知的新鲜记忆会对时间知觉造成影响的理论相符。集中营中的每一天都非常相似。一旦人们习惯了集中营的生活，即使每日都生活在恐惧里，他们仍通过一种奇特的方式使自己很少产生新鲜记忆。弗兰克尔自己将此感受与托马斯·曼笔下描述的瑞士山区疗养院中时间延伸的现象联系起来。疗养院的生活严格遵守规律，严格的就餐与休息疗养时间安排提供了规律的、强大的时间标记。

记忆与时间标记是我们体验时间方式的两个重要因素。假日提供了使时间变快的完美的条件：日常生活规律的被打破、感知时间流逝线索的消失，加上大量新鲜的所见所闻对注意力的吸引，每一天都过得很快。而当你回到家中，另外一个关键因素——记忆便开始发挥作用。你认为自己已经离开家很久的原因是你在假期中体验到许多新鲜事物，产生的记忆的数量远远超出正常的一周，使你心里对时间的标准测量产生了扭曲。

198

我的观点是，产生“假日悖论”是因为我们在脑中通过两种不同方式来观察时间，即体验中的时间与回忆中的时间。通常情况下，这两种时间能够互相吻合，但当它们不吻合时，我们便会注意到时间上的奇怪现象。

如果你回想之前提到的研究——关于人们在听一首快节奏的音乐时判断时间的流逝，或是在寒冷水域潜水后对整个过程时间的判断，你会发现这两种情况很明显地体现了大脑的两种观察时间的方式。在有的研究中，人们要在事件发生的过程中计算时间的流逝。研究人员用秒表开始计时，参与者需要在心中估算 1 分钟何时到来。这个过程就包含了判断体验中的时间，这时你需要随着事件发生的同时计算时间流逝。另外一种研究需要参与者在事后判断时间长度，即判断回忆中的时间。参与者首先被要求完成某项任务，并在任务完成后计算用掉的时间。这是两种完全不同的技巧，我认为正是这两种计算时间的方式产生了“假期悖论”，即度假期间觉得时间很快，但回想起来却觉得过了很久的矛盾感受。当生活按部就班地流畅进行时，这两种计算时间的方式能够互相吻合，让人感觉每天每周都以正常的速度流逝。有很多时间的标记帮助我们估测一天的流逝，例如上班和下班时间、午餐时间、睡前最爱的电视节目。这些日子都遵循着固定规律，即使有一些小的变化也都以某种固定规律出现，恰当地穿插在日常生活中，包含的新鲜体验数量（就是我们在过去两周内可以回忆起的6～9件新鲜事）也很大程度上在意料之中。体验中的时间与回忆中的时间这两种方式的计算是同步的，时间流逝的速度很平稳，一切都井然有序。

然而随着你踏上度假的旅程，这两种计算时间的方式便失去协调，造成时间扭曲。旅程中，每个所见所闻都很新鲜，你丝毫不会感觉无聊。你根本很少看时间，熟悉的时间标记变得模糊，或者干脆消失。在哥斯达黎加早起看鸟，我可以记得那一整天超过十几条的经历，包括在大多数人起床前回到酒店吃早餐；沿着海边一条路走回小镇，路上还跳过了几条小水沟；租用需要通过向后踩踏板来刹车的自行车；寻找一个我们听说过的海滩，但最后一直没找到；看着一对夫妻上第一节冲浪课；沿着崎岖的小路骑行前往一个树懒保护区，我们在那看到了刚出生的小树懒；一只小猴子跳到一个男人的头上，然后沿着他的肩膀留下了一条长长的棕绿色的粪便；随后的午餐吃了意大利面；在一个植物园里寻找一种个头很小的红色箭毒蛙；在酒吧里一边喝酒，一边眺望海面上冲浪的爱好者们，这种冲浪运动被称为“奶酪切丝器”，因为它非常危险，冲浪者很有可能连同冲浪板被卷起的巨浪沿着珊瑚礁拖过。下午的事情还没说到一半，我已经想起比人们在普通的两周内更多的回忆了。而这只是假期里的一天。另外的 9 天里每天也都充满了新鲜记忆。我感到每天都很忙碌，体验中的时间过得很快。但回家后现在我看到的是回忆中的时间，当重温那些日子时，因为那充满了新奇的体验，所以它好像持续了好几年。从我前面提到的记忆效应来看，我正在通过新鲜体验的数量来计算整个过程的时间。我可以记起假期里的每一天，而在家里的生活中，200 每天同样的体验都融合在了一起。将所有这些新鲜记忆加在一起，假期在总体上就会感觉很长。

我们会不断通过体验中的时间与回忆中的时间这两种方式进行计算判断时间的流逝。通常情况下两者会保持平衡，但突出的体验会打乱这种平衡，有时平衡的打破甚至会相当剧烈。也是出于这个原因，我们从来没有也永远不会习惯于这种平衡被打破的状态。我们还将会继续用这两种方式来看待观察时间，我们在假期中也将继续碰到时间的奇怪特性。

你也可以将对体验中的时间与回忆中的时间的计算作为一些其他时间谜题的解释。为何在你生病期间感觉时间过得很慢，而病愈后却感觉生病那段时间过得很快，就像自己从未生过病一样？这里我们看到了逆向的“假期悖论”。回想上一次你身体不舒服（不是严重到需要去医院或感觉有生命危险，只是常见的小病如感冒）的时候，每时每分似乎都无止境。你盼望着病痛远去的那天，希望明早能感觉更好。你想象着恢复健康是多么美妙的事情，以及会多么珍惜健康的日子。在生病时你正在观察体验中的时间，想着痛苦何时结束，于是感觉体验中的时间内每分钟都很漫长。所有延缓时间流逝的因素都出现了。没有任何乐趣，没有任何新鲜体验，也没有任何事能将你的注意力从时间的终极标记——时钟上移开，并且有大量重复体验，它们大多数都令人感觉糟糕。但一旦康复，你又体验到奇怪的感觉，即逆向的假期悖论。但造成这种现象的原因是一样的，都是两种体验时间的方式。康复后回头看，观察回忆里[201]的时间，则发现生病卧床的一周感觉无足轻重。你记得自己病过，但那段期间的记忆实在千篇一律，生病的日子融合在一起，事后甚至在生命中似乎察觉不到它的痕迹。

托马斯·曼笔下描写的瑞士疗养院的生活是逆向假期悖论的一个完美例子。他写道："空虚与乏味，能将大量时间压缩，并消解为完全的虚无。"他将生活的单调描述为一种不正常的时间萎缩。他有一个描述十分正确："当某一天和其他每天都一样，它们一起就像是一天，完全的同一性会令最长的生命看上去都显得短暂。"[76]

另外一种逆向"假期悖论"的情况出现在那些刚生小孩的父母身上。19 世纪心理学家与哲学家威廉·詹姆斯发现，尽管随着年龄变大，我们会感觉一年年过得越来越快，但每小时与每一天并没有感觉更快。为人父母的体验是一个典型例子。成为父母的人生活中不会有外界强加的空闲，更不可能有时间每天裹着毯子躺在椅子上休息，但产生的结果是差不多的。刚开始成为父母的早期，生活里充满持续的疲惫，必须多次重复同样的任务，遵守固定的作息规律，从体验中的时间角度看，这段时间感觉很长。但回顾上个星期，记忆里很多都是各种父母早期体验的重复：你给孩子洗澡，喂孩子吃饭，给他们换衣服，给他们读同一本书上的故事。这些事情你早已做过几百次，因此你感觉几个月过得很快，而孩子身上显著成长的变化[202]则强调着这段时间的痕迹。

做父母的经历并非全是重复与乏味，也有全新的令人激动的亲子关系与看着孩子一天天长大的美妙感受作为补充。而真正的无聊则不同。在十几岁的一个暑假，我去一家陶瓷厂打工。上岗前我天真地以为自己的工作可能是在陶瓷碗上画上一些图案，但实际上却发现自己需要整天坐在一张木桌前。桌上有一块铁板，铁板前留着一条细缝，我的工作是要将两英寸(5.08厘米）长乳白色的长方形陶瓷平板从铁板中的缝里塞进去。大多数陶瓷板都能塞进缝里，但每个小时里也会碰到几个无法塞入缝里的陶瓷片，那些就是不合格品。这些不合格品是我觉得这份工作里唯一有趣的地方。你甚至不可能知道这个任务有什么用，因为也没人知道这些陶瓷板都是拿去做什么的。我将这个问题向主管提了，主管又逐级上报，直到有天下来一个人，用一种令人不安的狄更斯式的语气问，那个想要知道这些瓷片是用来做什么的女孩是谁？我心中幻想会发生电影里的情节——这个人会认为我拥有经营这家公司所需要的充满求知欲的大脑，同时他会在遗嘱中加入对我有利的内容，因为他没有子女，需要寻找一个有能力领导这家家族企业的继承人。当然这不是电影，这些都没有发生。但他的确告诉我，这些瓷片是用来作洗衣机里的绝缘板的。遗憾的是这个信息并没有使工作变得更有趣一点，也许这也是为何大家根本懒得去问的原因。我的同事们已经接受了这是个乏味的工作这一事实，每天做的只是希望上班时间快点过去以便能早点回家。我们上下班都要打卡，如果上班迟到一分钟，就要扣15分钟的工资，如果迟到两分钟，就要扣半小时的工资。我很快从同事身上学会了如何最大化地利用工厂的位置在山脚下这一点。如果你尽可能快地从山上骑车冲向工厂，到达工厂门口时急刹车，然后把车子扔在一旁，你就能准时到达工厂打卡，打完卡后再回去锁上自行车，路上还有10分钟能与同事谈笑风生。在我上班的第一天，离下班还有45分钟时，所有的其他女工都站起来在门口排好队。我起先以为她们的上班时间与我不同，但实际上她们都在排队等着下班。每个人都看着工厂里墙上挂着的巨大时钟的秒针走到 12 点那一刻，排在第一个的人早就拿着考勤卡将手举起在空中，准备在 6 点 30 到来的那刻准时像灌篮一样满足地将卡投进打卡机里。公司制定的严格考勤制度带来了相反的后果，让每名工人每天减少了几乎一个小时的工作时间。

从时间知觉角度来看，逆向假期悖论在工厂里显然起了作用——上班的每小时都过得非常非常缓慢。工厂里的大钟挂在我们头上，也挂在我们心中。我们可以在工作时聊天或是听随身听，但时间流逝的速度还是慢得像蜗牛一般，我们经常怀疑钟是不是停了。现在我很幸运能投身于一个决不会无聊的工作中，我只会因为工作任务截止日期的临近而担心，而绝不会希望时间过得更快。尽管在工厂里打工时，我多么希望时间过得能快一点，但每当周末回顾过去一周的工作时，却只能想起很少的有新鲜感的记忆，因为这周在记忆中只占据了很少的空间，这使它显得很短。

204

我已经阐述了“假期悖论”以及它的反面如何导致我们在生病、无聊、抚养孩子或度假时产生时间流逝的矛盾感受。但同样地，这个双重角度感知时间的理论也能对我之前提到并做出部分解释的那个更大的问题做进一步补充，即为何随着年龄增大，人们感觉时间过得越来越快。

让我们拿一个生活中充满新鲜体验的 7 岁孩子为例。我们知道，对小孩来说，他们感觉时间过得比大人要慢。其原因又与体验中的时间与回忆中的时间这两种感知时间的方式有关。孩子体验到时间的矛盾比大人体验到的要小，因为即使是体验中的时间，对他们来说也过得很慢。孩子控制自己时间的自由比大人小得多，他们经常被迫做一些不想做的事。你可以回想那些坐在车里无尽的枯燥路程，以及在一节无聊的课上心不在焉地乱画，希望快点下课的日子。而相反，孩子们在做自己喜欢的事情时会非常投入，他们显然比成年人更懂得如何活在当下。他们能在水池里一玩就是好几个小时，比任何成年人都玩得更久，还能不断想出一些新点子做一些新实验。对孩子们来说，时间过得实在是太快了，因而当父母叫他们回去吃饭时他们总是感到震惊。在一旁照看孩子的父母可能觉得时间过得很慢，但全情投入的孩子们觉得时间过得飞快。但到上床睡觉的205 时间，当他们恳求父母再玩一盘游戏、再下一盘棋或再听一个故事时，每一分钟都过得更快了。孩子们感受到的是“假期悖论”的一个变种，这是孩子计算体验中的时间的能力较弱，从而造成的一种复杂效应。孩子们每天都充满了各种新鲜体验，在父母催着快点去上学时，他们会抓住一切机会探索这个世界。他们会停下观察挖路的工人，会停下来抚摸一只狗，会注意到任何看起来不同的事物，会不断进行新的尝试。为什么就这么无聊地走在人行道上，而不像跳房子那样避免踩到铺路石间的缝隙，或是沿墙上的垛口爬上爬下呢？这说明总体上，尽管有时被迫要做一些无聊的事情会觉得时间很慢，孩子们的一天在大体上和我们的假期一样，都是非常吸引人的，这使孩子们产生大量记忆，当他们回顾过去时，就会觉得每个月每一年都延伸了很长。

当一个孩子长到十几岁的年纪时，回忆效应开始起作用。学校里的课业要求以及考试压力意味着时间在有些时候仍会过得很慢，但生活慢慢减少了一些成规，他会获得更多自由及大量新鲜体验：第一次性体验、第一次喝酒、第一次恋爱、第一次离开家、第一次真正有机会选择自己想做什么及想成为什么样的人。我们已经讲过，自我意识的形成使这些事情变得很重要，这也导致回忆效应的产生。我已经提出这些记忆可能非常深刻，以巩固我们新形成的自我意识，这里我还认为，进入成年的时刻也会成为日后计算体验中的时间的参考准绳。这个时期的新鲜体验会至少持续到25岁左右，在那时我们已经习惯将一定数量的记忆换算为一定长度的时间。[206]

进入中年后，人们计算体验中的时间的能力已经很成熟，我们可以感觉到小时和天以均匀的速度流逝。几个月和几年时间的快速流逝让人震惊，而不是几个小时。时间的标记不停地提醒着我们一年又一年的过去。当我们发现柏林墙倒塌已经超过了20年时，我们感到非常震惊，就像我们看到自己曾经拥有过的物品出现在古玩店内一样。最令人震惊的是，上班的同事中出现了"90后"，他们不是应该还在上学吗？这些时间的标记与我们对回忆中的时间的计算产生了激烈的冲突，这时通过记忆的数量来估计时间的长度，新鲜体验越少，留下的新记忆也越少，我们不断地发现从体验中的时间与回忆中的时间内获得的信息出现了错位。

体验中的时间与回忆中的时间的双重机制是造成很多时间谜团的关键，这也是我们从来没有、将来也绝不会习惯的地方。这仅仅是两种计算时间方法不一致带来的后果。我们无法不以这样的方式观察时间，但我们能利用这些时间计算方法的特点，使时间根据我们的喜好变快或变慢。我将在本书最后一章对此进行详细说明。在那之前，我们将会前进到未来。我们已经知道，过去的记忆如何影响我们现在看待时间的方式。接下来，我们要看到在思想中去未来进行时间旅行的能力如何对现在造成比意料中更大的影响。[207]

也许有的读者现在还没有查阅本章开头所列事件的发生时间，下面是正确答案：

约翰·列侬被枪杀——1980年12月

玛格丽特·希尔达·撒切尔夫人成为英国首相——1979年5月

切尔诺贝利核电站发生爆炸——1986年4月

迈克尔·杰克逊去世——2009年6月

电影《侏罗纪公园》在美国首映——1993年6月

阿根廷军队进入马尔维纳斯群岛——1982年4月

摩根·茨万吉拉伊宣誓就任津巴布韦总理——2009年2月

卡特里娜飓风袭击新奥尔良州——2005年8月

英迪拉·甘地遇刺身亡——1984年10月

伦敦哈罗斯百货商店附近遭到汽车炸弹爆炸袭击——1983年12月

墨西哥发现首例猪流感病例——2009年3月

柏林墙倒塌——1989年11月

威廉王子与凯特王妃举办婚礼——2011年4月

爱尔兰共和军制造布莱顿大饭店爆炸案——1984年10月

奥巴马成为美国新任总统就职典礼——2009年1月

戴安娜王妃身亡——1997年8月

伦敦地铁爆炸案——2005年7月

萨达姆·侯赛因被处决——2006年12月

33名智利矿工在井下被困——2010年8月

《哈利·波特》第一部出版——1997年6月

Chapter 5

回忆未来

一位看起来很普通的叫亨利·莫莱森（Henry Molasion）[211]老人在2008年12月的一个下午，于美国康涅狄格州的温莎洛克斯（Windsor Locks）去世，终年82岁。通常，一位这个年纪的老人的去世不会在他本人的亲友之外引起太大关注，但这位老人的去世时却引起了全美国范围内的众多世界知名科学家的行动。老人居住及去世时所在的护理中心立即给波士顿麻省理工学院的神经科学家苏珊娜·柯尔金（Suzanne Corkin）打了电话，柯尔金当时恰巧在参加会议没有出差。柯尔金随后成功联系上了她在加州做研究的同事，后者当时正好也在美国国内。科学家们非常迫切地希望在这位老人去世后第一时间得到他的遗体，甚至他们在几年前就联系好护理中心附近所有的殡仪馆，如果老人去世后遗体被送往这些殡仪馆，他们决不能将遗体火化。

为何这些科学家们如此执着？这是为了避免造成神经科学界最著名的大脑被火化的悲剧。

所幸这一结果没有发生，工作人员用冰毯包裹住老人的头[212]部，将他的遗体送往100英里（约160.9千米）外的波士顿。同时，神经解剖学家雅克伯·安内斯（Jacopo Annese）也坐上了从加利福尼亚飞往波士顿的航班。雅克伯·安内斯是柯尔金定下的完美人选，既有高超熟练的技巧，也愿意为这个项目投入足够的时间。在午夜前，他们已经完成了解剖前的大脑扫描。第二天早上，柯尔金通过观察窗见证了安内斯和两名助手小心地将亨利的大脑从身体里解剖出来的手术过程。一天后，安内斯便乘上了返回加州圣迭戈的航班，他脑子里一直想着这个解剖手术，就像“亨利”坐在他旁边一样。

给一个冷柜中正倒置浸泡在福尔马林塑料瓶里的大脑起一个名字似乎是一件很乏味的事。但对科学家来说，在某种程度上却有必要性。柯尔金教授一直以来都为亨利·莫莱森负责，确保这个有着脆弱灵魂的生命在比克弗德（Bickford）疗养院得到悉心照顾。她一直保护着亨利的身份不被泄露，使得几十年来，在相关教材中他的名字都被简写为“H. M.”，她也在与亨利的交往中与之建立了深厚的情谊。但从科学角度来看，是亨利的大脑令亨利变得如此特别。在超过 45 年的时间里，柯尔金对亨利大脑运作方式的思考远多于任何其他的大脑，思考它能记住什么，它能学会什么，它能预测什么。现在，柯尔金和安内斯终于有机会从内部对亨利的大脑进行观察了。

为什么科学家们如此兴奋？因为亨利生命中 2/3 的日子都活在永恒的“现在”。

在亨利 27 岁时，他进行了一次脑部手术用以治疗每天多次发作的癫痫。若不进行手术，他可能在几年后就会丧命。为他进行手术的是威廉·斯科维尔医生（Dr. William Scoville），他将一根银管插入亨利的大脑，慢慢地吸出部分海马体（这是一块大脑深处海马形的细小区域）。手术看起来很成功，亨利很快便恢复了，同时癫痫也停止发作。但斯科维尔慢慢意识到手术出了很大问题——亨利在手术后无法记得任何新发生的事情。尽管他还保留着孩童时期的记忆，但在前一天就见过的人，第二天亨利看到他仍感觉像是陌生人一样。每个面孔都是新的，每个体验也都是新的，他甚至无法记得自己在一小时之前做了什么。亨利仍保留着过去的记忆，但却再也无法形成新的记忆了。

尽管亨利的案例经常出现在神经科学与心理学的课本里，但通常都是在关于记忆的章节里进行介绍。然而，失忆症中也包括另一种较不知名的症状：丧失想象未来的能力。亨利身上正好出现了这两种症状：对经历事件无法产生回忆，也失去了理解未来的能力。

正如我在书中多次提到的，我们能在大脑中形成自己对时间的观念，但具体形成的过程和我们如何在脑中想象未来一样，都还没有清晰的了解。我们在大脑中可以任意想象明天、下周或1000年后的样子（我们想象的未来很有可能与现实不同），这个能力与洞察力无关。实质上这是一种想象的能力，想象出的未来的画面不仅可能不会发生，有时也永远不会发生。这种将我们自己置于时间前方的能力叫作未来思考，这是记忆的反面。但我将在本章中阐明，未来思考与记忆是存在联系的。大脑通过对空间的感知以及我们的记忆创造出未来的观念。

人们平均每天会有59次，或在清醒状态下每16分钟就会有一次想到未来。[77]实际上，该领域的研究揭示了一个难以置信的发现：思考未来可能是大脑的一种默认的运作模式。但这并不是无用的白日梦或人们俗称的“不付诸行动的空想”。

在想象中进行未来的时间旅行很重要而且很有用。它会影响我们的判断、情感状态以及做出的决定，有时也会朝着更坏的方向发展。我对未来思考的探索也将揭示出关于我们的记忆经常出错的原因的令人惊奇的发现。

进入未来的时间旅行

人类关于记忆如何运作的研究已经持续了超过一个世纪，但未来思考却是一个相当新的研究领域。其中最引人注意的发现是，未来思考在很大程度上依赖于大脑里的反方向，即过去的时间旅行。这甚至可以解释一个关于记忆的谜题——为何记忆经常让人失望，为何像玛丽格尔德·林顿这样的研究员发现对自己记忆的研究如此痛苦。我们需要自己的记忆是一个可重造的过程，具有灵活性甚至不可靠性，以便我们能对未来进行想象。支持这一观点的证据有多种来源，首先就是像亨利这样的病例。医学文献中记载了成百上千个关于失忆症的案例，医 215 生们普遍提到这些病人不仅无法回忆过去，也很难想象未来，他们无法想象出自己第二天可能会做什么，更不用说10年后了。尽管很多医生都有类似的发现，但与大量对记忆力进行的研究相比，对病人的未来思考能力进行系统研究的只有屈指可数的几个例子。

医学文献中曾经记载了一位名为“N. N.”，意即“无名氏（No Name）”的男性案例。1981年，他骑着摩托车在高速公路的出口处发生事故，他从摩托车上摔下，头部受到了严重的创伤。和亨利一样，“无名氏”也无法产生任何新记忆，每当他听到关于“9·11”事件的描述，都会表现得非常惊恐。[78]后来，人们用他真实姓名的缩写“K. C.”来称呼他。著名记忆理论家恩德尔·托尔文（Endel Tulving）也与他进行了接触。托尔文因为划分出了语义记忆（我们对知识的记忆，例如堪培拉是澳大利亚的首都）与事件记忆（对个人经历事件的记忆，例如自己曾经去过堪培拉）而享有盛名。托尔文向K. C.询问了几个简单的问题，如“你明天打算做什么”“你在夏天有什么打算”，他一个都答不出来。当托尔文问他脑子里在想什么时，K. C.的回答是“一片空白”。尽管他已尽力尝试，但在30年后他仍无法想象未来。有些病人，例如一位名为D. B.的患者，能够在脑海中想象未来的政治事件，但却很难想象出未来与个人生活有关的画面。[79]尤其特殊的是这些人不仅在被要求想象未来时表现得很挣扎，而且他们自身也没有任何对未来进行想象 216

的意愿。

正如语义记忆与事件记忆间存在不同，我们思考未来的方式也存在着类似的区分。处在隆冬季节知道当夏季来临气候会变暖的事实，与想象自己坐在明年夏日的阳光下皮肤感受着阳光带来的温度是不同的。后者这种通过想象在大脑中进行的未来旅行被称为“情景性未来思考”，这里我简述为“未来思考”。这是一种更为全面的大脑时间旅行系统的一部分，托尔文认为这个系统形成了我们的自我知觉意识（autonoetic consciousness）。这是一种我们拥有的对于自我的意识，并在时间中保持连续，它通过我们重新体验过去与提前感知未来的能力得以实现。这种提前体验包括了想象一个活动的感受如何，而不仅仅是有意愿进行这项活动。当你看到记事本，发现自己预约了朋友去小酒馆吃饭时可能体会到这点。你的前瞻性记忆提醒你要准时到，而未来思考则将自己投射到未来中，想象在餐馆里点饮料，找位置坐下，看看黑板上写着今天有什么特色菜。这与有目的的计划不同，似乎这种能力也是区分我们与其他动物的重要因素。

大脑中的时间旅行通常并不需要穿越太长的时间跨度，它通常仅仅是对自己刚做过的事情或准备去做的事情的思考。以工作面试为例，面试前你会在脑中预演招聘者可能提出的问题与自己的回答，而面试后你的脑中可能会不断重放那些令人痛苦的自己表现糟糕的时刻，并想象自己如果怎么说会更好。它们曾经是可能的未来，但现在变成了不可能的过去的一部分。

德米斯·哈萨比斯（Demis Hassabis）和埃莉诺·马奎尔（Eleanor Maguire）是最早一批对大脑受损者的未来思考进行系统研究的神经科学家。他们发现即使对这些大脑受损者提供大量可能在未来场景中出现的感官细节信息提示（光线、气味、声音等），这些大脑受过损伤的人还是无法想象出未来的场景。[80]进行研究的这5位病人的智商和记忆力都各有不同，但有4位的想象未来能力很差，尽管要求他们想象的都是非常普遍的、不需要任何细节记忆的场景。

不仅仅是大脑受到创伤的人存在想象未来的困难，任何自传式记忆较差的人都会发现将自己投射到未来中是一件比较困难的事。这些人包括了年龄很小的孩子、精神分裂症患者、老年痴呆症患者、情绪抑郁者以及有自杀倾向者。[81]精神病患者产生的妄想与幻觉越多，他们在脑中形成未来概念的难度就越大。这相当于从他们身上剥夺了进行大脑时间旅行的原动力。[82]当生命中一个个10年过去，我们经常会说自己的记忆力越来越差，但这同时也伴随着另一个我们较少注意到的现象——想象未来的能力也同样减弱。这同样再次支持了我们需要依靠过去的记忆形成未来意向的理论。

在亨利的大脑中，受损最严重的部分是海马体。这部分的命名是因为该区域卷曲成细长的弧形，外观上很像一只海马。不久前，我曾经去过一个由废旧的壁球场改造成的大脑标本库。那里储藏了大约600个大脑标本，一位神经科学家小心翼翼地递给我其中一个，并向我指出海马体的所在。当你发现这块只有4厘米长造型优美的区域却包含了人整个生命记忆的关键，并且正是这些记忆赋予了一个人独特的自我意识时，那种感觉非常特别。我们知道这个区域对记忆起到很关键的作用，但失忆症患者身上的体验暗示了该区域对想象未来也起到作用。从这些人身上发现的证据让科学家们对大脑如何产生关于未来意向的方式有了初步了解。对活人大脑的扫描也支持了该结论。

218

为了更好地理解这点，你可以思考一件你知道自己下周要做但不是每周都做的事情。试着想象出关于这件事的一些具体细节。如果是一个室内活动，房间里是什么样？如果有人，他们的穿着如何？仔细观察自己想象出的细节，这显然是无中生有，但你很可能发现这些细节中包含了来自过去的记忆。我知道下周我要去牛津大学访问一位心理学教授，对他从事的群体凝聚力研究进行采访。我从未见过这位教授本人，也没有去过他的办公室，但我还是能在脑中大致描绘出一幅场景：办公室里用木板装饰，我们坐在哑光的天鹅绒椅子上；他的桌子上堆着一沓沓文件，墙边的书架和天花板一样高，地毯上也堆着很多书。实际上这些想象是根据我上次去牛津大学拜访一位教授时的所见，与类似《凡夫俗女》（*Educating Rita*）等电影中的场景整合而成的。我的想象当然可能是错误的，这位教授的办公室可能是现代极简风格。然而可以肯定的是，我想象的出未来的画面是我从能找到的任何相关记忆中整合出来的。通过回想过去的记忆，我们才能将自己向前投射到未来，得到关于未来的无数可能性，选取可能性最高的一种。就像将几首歌曲重新混音编排，利用这些记忆可以在大脑中创造出一个观察未来场景的窗口。

有鉴于此，当人想象未来场景时对他大脑扫描，可以发现他大脑中较为活动区域中包括了海马体（亨利的大脑手术中取出的一小块也是来自这个部分）这一负责存储记忆的区域也就不足为奇了。实际上，大脑中用来回忆过去的区域与用来想象未来的区域有很大部分是重合的。[83]记忆本质上是一个重建的过程，当我们想要重新体验一段经历时，我们并不是从记忆资料库里直接找出当天的录影带。我们会重新构造这段经历，并且在这件事情发生后的新信息如果影响了我们对这件事的原本看法，我们原本的记忆也会发生改变。在我们想象未来时也会发生类似的过程。

回忆过去与想象未来过程中的神经活动特征也相当类似。研究人员在实验中给人们一个关键词或关键短语，要求他们回想与想象出包含这个关键词或短语的过去及未来的场景。一位研究员卡尔·斯普纳（Karl Szpunar）给出的关键词是比尔·克林顿。[84]结果显示，人们普遍表示这个任务很容易（或许只有我这么认为，但我脑子里确实出现了一幅美国总统办公室里的画面，因此我希望这不要影响到这项研究的准确性）。在回忆过去与想象未来时，大脑中有3个主要的活跃区域。第一个区域是大脑额叶。大脑额叶位于前额后方，负责储藏工作记忆、做出决定以及解决问题。大脑额叶同样负责确保来自过去的记忆在实际生活中不被弄错。

第二个区域是大脑顶叶。顶叶在大脑后方顶部两端各有一个，身体其他部分传递进来的感官信号在此进行处理，并且顶叶能将字母组成词句，将词句组成思想。有趣的是，顶叶的一部分也能让我们产生空间中的方向感。这种导航功能也更加印证了我在第三章中讲到的大脑思考时间与空间的机制。大脑顶叶的这些功能暗示了我们可能是通过在大脑中想象出的画面构造出对过去的回忆的，就像我们想出找到通往某个曾经去过地方的路线一样。对失忆症患者来说，他们很难想象新事件可能发生的空间场所。[85]当被要求想象未来站在一座博物馆大厅中间的场景时，那些大脑未受损的人能够描述出自己想象出的画面特征，例如大理石地面、半球形圆顶及墙上的画；但失忆症患者却无法在他们想象出的房间画面中加入这些细节。失忆症患者并不认为这项任务有多难，他们想象出的房间与现实也相当贴近，但他们更少想象出房间中的物品，自己的情感、感官信息以及他们自己在房间中所处位置的任何信息。空间的背景信息不知何故丢失了，这也支持了我们在大脑中通过空间形成时间感知的理论。

221 想到过去或未来时，大脑中第三个活跃区域是内侧颞叶。这部分包含了极为重要的海马体，并且还有调节记忆、学习、语言和情感的功能。尽管用到的是大脑中相同的区域，但想象未来比回忆过去需要消耗大脑更多的能量。我很乐于看到当我们将自己置入的未来离现在越远，海马体就越活跃的情景。同样有趣的是，当我们思考其他人的想法，试图模拟他人的心境时，大脑中负责未来思考的区域活动也会加强。这说明想象未来其实是重复一件类似的工作：在另外的时间与地点模拟自己的思想状态。关于此过程的运作方式仍有许多尚待弄清的地方，但它确实看起来是一种只在人类身上出现的现象。

你的狗能想象出下周的情景吗?

如果你曾经养过狗，下面的想法可能会让你觉得很兴奋：它在空闲时间会深情地回味与你最快乐的那次散步，回忆那次发现了一只死兔子后，那个被允许和其他狗一起在野外互相追逐的下午，以及那次死死地拉着绳子终于够到了商店柜台下的巧克力豆。不幸的是这都不可能发生，它们根本不可能回忆起这些快乐时光。它们记得通往最爱的那片草地的路线，它会拽着你去那片草地，但根据我们目前所知，它们不可能记住那边发生的任何一件事。这说明它们也不能进行未来的时间旅行。它们不能在脑中想象自己在下个圣诞节躺在火炉边啃骨头的画面。那么如果狗不能，其他那些著名的聪明的动物有没有这个能力呢?

222

潘兹（Panzee）是一只十分聪明的雌性黑猩猩，它也能区分容量的一品脱和半品脱。它也能通过键盘区分一些食物及其他物品，经亚特兰大的乔治亚州立大学（Georgia State University）的人类学家查理斯·门泽尔（Charles Menzel）多年的培训后，潘兹已经学会使用256种不同符号。然而还没有任何迹象表明它拥有思考未来的能力。它能指出它曾经藏东西的地方，但这仅仅说明它记住了那个地点，并不表示它记住了自己藏东西的行为，也不表示它能想象自己取回食物的画面。当然有的动物懂得为未来做打算，如松鼠能够非常精确地找到自己在几个月前埋下坚果的地点，并将储存的食物挖出。你可以把这个行为理解为松鼠拥有可靠记忆并且能在季节变换时期意识到未来的需求。然而现在有自然学家认为，松鼠只是单纯地会在某些特定的地点挖洞储藏食物，它们后来并不知道挖出的食物是自己埋下的还是别的松鼠埋下的。也许你会说藏下食物的行为本身就是在为未来做打算，但是储存食物的本能与想象在未来可能会挨饿而做出相应的计划是不同的。

在所有研究过的动物中，一种名为西丛鸦（western scrub jay）的鸟类被认为拥有最接近类似人类的过去与未来观念。这种鸟不仅因为闪亮的蓝色羽毛而显得聪明，而且它们也确实是很聪明的。它们分布于北美洲，在生物学上与秃鼻乌鸦、乌鸦、渡鸦同属一科，也是最聪明的鸟类之一。不过，是它们喜欢储藏的习惯引起了例如剑桥大学的尼古拉·克莱顿（Nicola Clayton）等心理学家的关注。如果它们曾经历过食物短缺，它们便能学会搜集食物储藏起来为以后做准备。在剑桥大学进行的一项实验中，克莱顿发现，西丛鸦甚至在现状无忧的情况下也会为未来做好打算。

223

坚果在地下储藏的保鲜时间比死去的虫子要长。西丛鸦也知道这一点，并会据此选择相应的储藏地点。这说明它们不仅记得储藏食物的地点，也知道里面藏的是什么以及埋下食物过去了多长时间。它们甚至记得自己在埋食物的时候有哪些其他鸟在一旁窥视，如果它们知道自己埋食物的过程被其他鸟类看见，它们会在事后将这些食物换个地方重新埋下，它们有时还会偷别的鸟埋下的食物（不是所有西丛鸦都偷过）。这说明它们是运用经验而不仅仅是靠直觉对未来做出计划，这也成了极有说服力的证据证明它们拥有对未来做计划的能力和可靠的记忆。来自哥斯达黎加的最新研究发现包括橙腹夜鸫（orange-billed nightingale thrush）和白须喷翯（white-whiskered puff-bird）等在内的另外21种鸟类也可能拥有类似的能力。已经有研究发现一种俗名为“蚁窝查探者”（bivouac-checking）的鸟类能学会在每天日落时找到蚂蚁窝，等到第二天跟随蚂蚁部队进入森林中找到昆虫等食物。[86]这似乎也是它们拥有记忆与计划能力的证据。

但我们要再次提出这个问题：这种能力是否就是人类身上发生的未来思考呢？但储藏食物或改变储藏食物的地点并不需要鸟儿们想象自己在一个虚构的未来之中。要再次强调的是，关于过去和未来的知识，与实际上重新体验过去及提前体验未来，这两者之间的区别是十分重要的。如果我要你想象你的剪刀在家里什么地方，那么你想象剪刀正躺在抽屉里与你记得上次用完剪刀后将它们放回原处的动作是不同的。

另一种非常聪明的动物——海豚，研究显示它们拥有较为短暂记忆的迹象。海豚经过训练能够拥有“做一些最近没有做过的事情”的能力，因此如果它们得到一个信号，它们就能表演一个它们有一段时间没有做过的把戏。这说明它们确实有某种较为短期的自传式记忆，但同样地，证明它们能进行大脑时间旅行的证据并不存在。有些人可能对此感到失望，因为我们似乎很希望动物也像我们一样拥有记忆与想象力，尤其是我们的宠物。在该领域做了大量研究的心理学家托马斯·萨登多夫（Thomas Suddendorf）甚至为他令人扫兴的研究结果而表示歉意。[87]不仅是动物，婴儿也只会活在当下，无法对未来进行想象。只有当婴儿长到 3 岁或 4 岁，他们才能够开始想象一个感觉有所不同的未来，对某件事的发生表示期待或惧怕。这种想象活动能帮助他们开发情感控制这项关键的能力，让他们学会控制自己的情绪。成年人如果脚趾不小心踢到某个硬东西，在忍受着剧烈疼痛的同时会想着这疼痛不会永远持续而获得一些安慰，因为他们过去曾经有过类似的经验，能轻易地想象出一个脚趾不痛的未来。婴儿则完全沉浸在当下，无法体会到一个不同的未来。

225

明天你要干什么？

我在电台做节目时，在进行采访前，需要向对方提个问题使对方尽可能地打开话匣子以便于调整设备音量。经典的问题是“你早餐吃的什么”，但很多人对这个问题的回答过于简短，像是“没吃”或“吐司”这些回答太短，不足以让技术人员进行调整。因此，我喜欢问他们当天下午或第二天准备干些什么。上周，一位女士在回答这个问题时告诉我她准备在采访结束后直接回家，因为有两名树枝修理工已经到了她家，准备对花园里的一棵树进行修剪，但两个人看起来似乎都喝醉了。于是她很迫切地想回去看看花园被弄成了什么样子，也许那两个修剪工身上已经脱得精光。我听到的答案里很少出现这么戏剧性的。这是个简单的问题，至少对一个成年人来说是。但如果你是个 3 岁的小孩，这个问题就很困难。在对一些 3 岁小孩进行的一项实验中发现，只有 1/3 的小朋友能有眉有眼地回答出自己明天可能做什么，但只需过 1～2 年后，这一比例就能上升到 2/3。[88]

对小孩进行的测试总会存在一个问题：到底是他们的脑子里还没有形成未来的概念，还是他们稚嫩的语言能力阻碍了他们的表达？我们确定他们能从字面上理解我们的问题吗？大多数 3 岁小孩都知道明天是在不久的将来，但不是所有的都知道那是指接下来的一天。他们脑子里存在明确概念的只是他们喜欢或讨厌椒盐卷饼。为了消除因儿童语言能力不足对实验带来的干扰，心理学家克里斯蒂娜·阿坦斯（Cristina Atance）请一组小朋友们吃椒盐卷饼，当卷饼里的盐使小朋友感到口渴后，阿坦斯请小朋友选择是要更多卷饼还是一瓶水。大多数小孩选择了水。但当阿坦斯询问孩子们第二天想要什么时，尽管大人们通常会选择卷饼，但大多小孩子仍然选择了水，这说明他们无法通过想象将自己投射到第二天，体验不再感觉口渴，并继续选择卷饼的场景。[89]回想大脑中那些与想象未来有关的区域，幼童无法想象未来这一点也就不那么令人惊奇了。大脑中与想象未来有关的三个区域中，顶叶和额叶这两个区域在人2～3岁前都未发育完全。这说明小孩子可能会体验到一种极端的“共情缺口”（empathy gap），这在所有人身上都会偶尔出现，指的是那些我们无法想象未来可能会有所不同的时刻。如果你的家乡处在冬季，但你准备去热带地区旅行，你仍然会带着很多袜子与套衫，因为在严冬想象出炎热的感觉实在太难了。

那些从未发生过的记忆

10年前我参加过一个关于疼痛忍耐力的实验，我需要把胳膊放入一桶冰水中，并在冰水里坚持尽可能长的时间。开始看来这似乎没什么，我认为自己能够忍受这小小的不适，毕竟只是比较冷而已。随后一阵剧烈的疼痛从胳膊向上扩散，并且疼痛愈发剧烈。我现在还记得那种完全被无法忽视的痛苦包围的感受。在坚持了刚好90秒后，我才把冰冷、麻木的手臂从冰水中拿出来。但这段记忆只存在一个问题：这件事实际上并没有发生。直到不久之前，我还坚信自己参加了这个实验。我曾经对自己和另外一名男性及一名女性志愿者一起参加一个疼痛测试的过程做了录音，作为准备一个关于疼痛忍耐力性别差异的节目素材。当我最近准备一个关于疼痛缓解的新节目时，我认为之前录制的这段资料正适合这次节目。于是我找到了那次的录音带，交给我们电台的节目制作人，并向她描述将手臂放在冰水中的痛苦以及我如何发现自己的疼痛耐受力有多低。耐心的制作人听完了整整一小时的录音，想找到关于我把手臂放入冰水里的内容，但却发现我根本没有这么做过。我只是“勇敢地”记录了另外两名志愿者参与实验的过程，但自己压根就没做过这个测试！我确信自己记得疼痛的确切感受，但根据我对整个过程录音的确凿证据（或证明此事压根不存在的证据）显示，我参加实验这件事根本就没发生！

记忆的不可靠性令人不安，但这种不可靠性可能正是我们想象未来的能力带来的。记忆对未来思考非常重要这一事实也许可以解释一个关于记忆的长久谜题——为何记忆经常让我们失望。伊丽莎白·洛夫特斯因为阐述了为何记忆不像录影带而成为当世最著名的心理学家之一。下面这些实验可以算作我最喜爱的心理学实验。这些实验相对比较简单，但却构造精妙，并对法庭审讯中采信目击证人证词的方式产生了重大影响。洛夫特斯成功地在实验中将错误记忆植入人们的大脑中，她并不是对人催眠，而是单纯地使人们相信他们记得那些根本从未发生过的事情。通过对研究对象身边相关的人进行采访获得一些真实事件的背景信息后，洛夫特斯会和研究对象谈论他们的过去，并设法使他们相信他们小时候曾经在购物中心走丢，或是亲吻过一只巨大的青蛙，或是在迪斯尼乐园里见到兔八哥。这些记忆看起来都很真实，直到你意识到兔八哥是华纳兄弟公司旗下的动画角色，因此绝不可能出现在迪斯尼乐园中。这说明我们的记忆其实是有很强的可塑性的。记忆并不是以一种完美的形态进入我们的脑海并在大脑的档案馆中保持不变，只等着我们随时将它们唤起。几十年的研究证据显示，记忆从我们存入大脑的那一刻起就在随时变化，当新信息出现，我们会再次对记忆做出改变，然后如果某次记忆会让我们对某些事件进行更合理化的理解，我们回想起这个记忆时会再次将其改变。记忆是重建的产物，而且这种重建与不诚实或主观意识无关。但既然记忆的可变性会使法庭上目击证人证言的可信度存在问题，那么这种可变性也可能是想象未来的关键。

如果记忆像录影带那样不可变，那么想象出一幅新的画面就是一件很耗时间的事。如果你要想象自己乘坐一辆双层巴士前往某个热带海滩，去参加你最好的朋友与约翰尼·德普（Johnny Depp）的婚礼，你脑子里马上就可以想象出这幅画面。但如果记忆是僵化的，这就会是一个非常复杂的过程。你会首先需要在大脑档案馆中找出关于自己乘坐双层巴士与拜访好友的记忆，然后你需要在大脑的电影档案馆中找出看过的约翰尼·德普主演过的电影片段，还要找出关于热带海滩婚礼的电视节目。这些可能分散于好几年，甚至几十年的记忆里。你需要把所有的这些元素从记忆中分解出来，才能再将它们重新组装在一起，创造出一幅新的画面。从认知的角度来看，这是一项艰巨的工作，而且若要按照这个程序完成也确实如此。但实际上记忆的可塑性可以让我们相当轻松地完成这一切，因为我们可以直接在脑海中将各种记忆无缝混合在一起再创造出一个新的画面，这幅画面也许我们以前从未想象过，更不可能亲眼见过。记忆的可塑性似乎是想象未来的关键。[90]我们生命中各个时刻里数百万计的记忆并不是写在石头上的，它们是可以改变的，给我们时刻发生的想象提供无尽的可能性。我们不可靠的记忆可能是个缺点，但这却可以帮助我们对未来进行想象。

很明显地我们可以从经验中得到学习，但更大胆地说，也许记忆的主要功能并不是用来回顾，而是为了帮助我们对可能的未来进行想象。这并非什么新的观点。在14世纪，中世纪描述大脑的插图中，记忆像是一条条不断进入想象的蛇。更久以前，古希腊哲学家亚里士多德和名医盖伦（Galen）就描述记忆并非人生的档案馆，而是用来想象的工具。直到1985年，瑞典神经科学家大卫·因格瓦（David Ingvar）才提出了这个理论的现代版。从那时起才出现越来越多关于未来思考的研究。尽管这样，但如我之前已经提到的，这方面研究得到的关注与关于记忆的研究相比，仍显得微不足道。

从某种程度上来说，研究人的想象力比研究记忆要更简单，因为这回避了一些我在上章中提到的关于记忆力研究的问题，例如需要验证记忆的准确性等。想象力研究的美妙之处在于你可以请参与研究的每个人想象同样的场景。

在回忆中寻找一段与“森林”一词有关的记忆。用一段时间思考你看到了什么，闻到了什么，是否感觉很冷，感觉高兴还是难过，你和谁在一起，你在做什么。然后，想象一个在森林里的未来场景。想象出的森林是什么样子？里面很灰暗吗？是否有好闻的味道？还有谁与你在一起？你的情绪如何？现在比较这两幅画面，哪一个比较生动？

在实验室里进行的研究发现，过去事件的回忆通常比想象出的未来画面更生动，而且包含了更多感官描述，例如事物的外观、声音或气味。然而我们知道就算不考虑这些细节，从认知的角度来说，想象未来也比回忆过去要求更高。很多人认为，想象出遥远未来的画面更粗糙，是因为对细节的想象是一种对认知资源的浪费。而我怀疑这是否仅仅是因为我们脑中没有现成的相关细节的信息。我可以很轻易地想象出一个月后在家里吃午饭的画面，但想象自己 10 年后在家吃午饭的画面就难得多，因为不知道自己到时候会住哪，也不知道身边是什么环境。研究人员也发现了一个规律：就像对上周的记忆比对 10 年前的记忆更加鲜活一样，在未来思考上也会有类似的对应效应，即想象中较近的将来比久远的未来有着更加鲜明的画面。[91]

231

尽管对过去的记忆可以有更鲜活的描述，但在对情感的影响上，未来的作用更加明显。研究发现，对未来的预期比回忆会对人产生更强烈的情感，不管是正面的还是负面的。对有些人来说，期待假期的过程和假期一样甚至比假期本身还要美好，因而对未来的想象在总体上更加积极，也更加个人化。[92]绝大多数人相信自己在一个月之后会有更多钱，而且展望的未来越远，我们的想法就越乐观。赌徒们相信在未来自己的运气会更好，因而他们在现在会选择比较保守的赌博，但是在未来却敢冒很大风险进行豪赌。有实验请学生们列出过去发生过的10件重要的事情，然后列出10件未来可能发生的重要事件，结果发现，学生们预期的未来事件要更加乐观。[93]你可能认为这种乐观是因为学生的年龄都比较年轻，但即使是75岁高龄的老人，也相信未来会比过去更好。[94]如果要求人们有意地想象未来会发生哪些不好的事情，这比要他们回忆出过去发生的负面事件需要花费更长时间。

但问题仍未得到解答，为何想象未来比回忆过去会对人的情感产生更强烈的影响？答案可能与未来的不确定性有关。我们知道不确定性会在情感上产生更强烈的反应，而且不可避免地，未来更加充满不确定性。但如果某个未来事件不含有任何不确定性，而且可以确定肯定是好事呢？

> 想象你刚打开一个信封，信封里是一个中奖通知，你得知自己赢得了一次免费去加拿大惠斯勒 Whistler Blackcomb 滑雪度假村双人旅行的机会。奖品包括往返机票、雪道缆车乘车证、租用滑雪板、一次滑雪课程，以及五星级惠斯勒庄园酒店内设按摩浴缸套房的5晚住宿，从酒店到乘坐雪道缆车处只需步行5分钟。

你的第一想法肯定认为这是一个骗局。但该研究的参与者被要求想象这是板上钉钉的事，即他们参加当地电台的比赛，正好就赢得了这一奖品。随后，半数的志愿者被要求判断在自己期待假期来临时的开心程度，另一半志愿者被要求想象度假归来后的感受，并评价自己那时的心情。结果发现，那些想象中期待假期的人比那些想象已经度过假期的人更快乐。[95]这个实验中并不存在未来的不确定性，说明未来思考对情感的影响可

232

能存在另一种解释。有一个关于情感的理论认为，情感是为了行动做准备，避免负面事件的发生，迎接积极事件的发生。这种解释在这里行得通，因为我们不需要为已经发生的事情做准备，因此记忆对情感产生的影响不需要像想象未来时那么强烈。

显而易见，未来思考对于做计划是非常有用的：它让我们能够在做出真正的决定前体验假设中的情况，这也是人类拥有突出环境适应能力的关键。但是，脑中对未来事件的预演偶尔会因为太真实而使人相信那真的发生过。就像伊丽莎白·洛夫特斯在志愿者身上成功植入错误记忆，我们也经常对自己做同样的事——以为自己已经发出了那封邮件，后来却发现自己只是想过写邮件这件事。考虑到回忆过去与想象未来在大脑中使用的区域大致相同，两者产生的过程也十分类似，因此真正奇怪的是，为何过去和未来没有在我们身上出现更多的混淆。有研究人员认为，记忆更高的生动性使我们能对过去和未来进行了区分。我们只会犯一种错误，以为一些想过但没做过的事情真的发生过，但很少反过来认为真实发生的记忆只不过是一场白日梦。

233

阿兰·约翰斯顿在囚禁期间的经历正好说明想象拥有多么强大的力量。其他普通人可能不会像约翰斯顿那样有意识地控制自己的想法，但任何模拟回答面试提问，或准备与老板进行艰苦谈话的人都会采用脑中预演这一策略。在体育中，运动员学习视觉意象的技巧，想象出获胜后的每个细节画面在现在已经非常普遍了。网球运动员会学习如何利用比赛中分与分之间的间隔时间，帮助他们在每次发球前调整好心态，而不管之前的一球发生了什么。在裁判做出一次错误的球出界判罚后，一个有优秀心理素质、对胜利充满渴望的运动员会重新调整心态，将过去放在脑后，将自己投射到未来中，想象自己即将发出的那记 ACE 球。斯诺克选手在击球前会想象被击打的那颗球会直直地落入袋中。我唯一一次可以算是台球打得还不错的经历是和一个与奥运会选手合作的运动心理学家打球。每当轮到我打球时，他都告诉我要在脑中想象出完美的一击。让人印象深刻的是这真的管用。那次以后，我便十分期待下次与他人切磋台球的机会，但遗憾的是，在那位心理学家不在场时，我通过想象提高实际台球水平的能力也离我而去。这就是为什么顶尖运动员在训练运动技能的同时也会花时间训练自己的想象力。 234

即使你不需要像职业运动员那样时刻争取胜利，想象未来也能在日常生活中对你提供帮助。在人们对一个未来事件在脑中做了精心构思后，他将更有可能记得在现实中完成这件事。如果你不想忘了在回家的路上去买鸡蛋，你最好事先想象自己走进超市，站在货架前，寻找大小适中的鸡蛋，检查它们确保没破，然后拿到收银台付款的画面。这个比不断叮嘱自己“千万不能忘记买鸡蛋”要有效得多！这个方法也适用于其他场合。如果你马上要参加一场考试，你可以通过想象来提高成绩，但重要的是要有正确的方法。在一项研究中，一组学生在考试前一周每天花 5 分钟想象自己考试后得了 A 的画面；同时另一组学生每天花 5 分钟想象自己复习考试的过程——想象自己找到了一个安静的地方学习备考。当真实的考试成绩下来后，后一组学生的考试成绩更好。[96]

自杀岛 235

有意识地通过想象选择对未来进行提前体验可能带来很多

好处，但有时大脑会违背我们的意愿进入对未来的想象，造成的后果可能是致命的。长洲岛是距离香港岛西南方约10公里的一个面积小得多的岛。一个星期六我去长洲岛游玩，快艇上载满了去休闲度假的家庭，他们准备了野餐和海滩浴巾。快艇舱内有一块小标志牌，上面写着："注意，请勿大声喧哗！"大多数人看起来都很兴奋，似乎都没有注意到这个标志牌。

上岸后，我坐在近水走廊上吃点心，眼前中西结合的画面让我印象深刻。一边是传统的中国式画面——一排出售传统中草药的摊点，排成一行的架子上晒着小鱼。另外一边是典型的英国海滩度假区的景象——孩子们手里拿着桶和铲子，缠着他们的父母要吃冰激淋；十几岁的少年骑着自行车，后座上搭着白蓝色条纹的顶棚，顶棚的阴影下坐着他们的女友。港口处挤满了中国式平板帆船和涂装成钴蓝色和绿色的渔船，你很难从拥挤的船只中间看见蓝色的海洋。在寺庙旁的休闲广场上，男人们正在拆除外面包着竹子的脚手架。一年一度的长洲太平清醮刚刚结束，著名的"长洲抢包山"是这个节日的重头戏。男人们争先恐后地爬上用三个竹棚搭成、挂满平安包的包山顶部，尽他们所能抢夺平安包，抢到的平安包会分派给其他居民。如果成功抢到包山上的包子，全家人在来年会行好运，而且抢到越高的包，就越有好运。抢包山活动其实相当危险，1978年5月曾发生过包山倒塌事故，造成30人受伤。现在抢包山活动的参赛者在活动前需完成基本的登山技能训练，遗憾的是，现在抢包山活动中使用的包子，也变成复制品了。

从包山顶往上，可以看到修建在山间的一栋栋别墅掩映在树丛中。海边有沙滩、小巷、色调柔和的村舍，这本来是一个完美的度假胜地。但自21世纪初起，这个小岛又多了个"有去无回"的名声。少数人抱着一个非常特殊的目的——自杀登上小岛。岛上小小的社区有时一年需要处理几十起自杀事件。对于岛上的居民来说，不仅要忍受隔三岔五出现的自杀者尸体对身心造成的影响，更重要的是，自杀事件的频发已经影响到小岛的旅游生意。香港的自杀率是英国的 4 倍，专家们将此归咎于生活的高压力、拥挤的城市环境，以及人们普遍认为向他人求助会很没面子的观念。

在香港历史最悠久的精神病医院，尽管这里现在已翻修一新，但名声仍不太好。人们开玩笑时仍会互相调侃：“小心点，不然就把你送到青山医院。”我见到了一位昵称安吉拉的女子，她和丈夫从中国大陆农村来到香港打工。她告诉我，贫困的生活和来自他人的歧视将她击倒。在她最小的女儿出生后，她被确诊患上了抑郁症，并不得不将女儿暂时送给他人寄养一年。安吉拉认为自己是个坏母亲，她告诉我在情绪最低落的时候，她甚至认为自己的孩子们在另外一种生活中或另外一个世界里会过得更好。她决定先杀掉自己的孩子，然后自杀。谢天谢地，她将此计划透露给了医院的工作人员，并且在她实施前放弃了这一计划。现在她 50 岁出头，她告诉我现在过得稍微快乐了一些，和丈夫吵架的次数也减少了，但对未来仍不抱太大希望。

安吉拉的计划没有付诸行动，但其他人仍前赴后继地前往长洲岛实行自杀计划，直到当地社区采纳了著名的香港大学防止自杀研究中心的建议，这个现象才得以遏制。香港大学防止自杀研究中心的研究人员发现，在所有有自杀行为的人中，有 1/3 的人是一时冲动，并且之前并没有表现出患有精神疾病的迹象。这说明如果去除他们实施自杀的第一选择，他们可能永远都不会再尝试自杀。英国在 1958 年开始将居民家中使用的煤气改为天然气后，至少有 7000 条生命得以获救[97]；在美属萨摩亚群岛将原本使用的杀虫剂由百草枯改为毒性更低的种类后，当地的自杀率也下降了。长洲岛的居民也采取了类似的行动。当成群的游客从快艇上下坡登岛时，我观察到有几个警察安静地站在码头周围。他们正在人群中寻找独自一人看起来情绪脆弱的人。如果警察发现了目标，就会上去和那人打招呼，并提供帮助。度假酒店也不会把房间租给独身一人的旅客，如果房东担心客人的安全，会反复敲门，询问客人是否需要帮助。同时，警察也在岛上巡逻，寻找任何可疑的人。专家表示，那些心意已决的人仍会坚持结束自己的生命，但对整个社区来说，这些方法收到了不错的效果，自杀已不再是困扰当地的主要问题。

我们很难揣测像安吉拉或其他为了自杀来到小岛的人的心理活动。在本书的前面，我讲过脑子里自杀的念头会极大地扭曲时间，让人甚至无法想象出未来的画面。但是最近的研究发现，有自杀倾向的人实际中会不自觉地闪现出未来的画面。就像人受到心理创伤后，过去的画面有时会在眼前重放，你并不希望看到这些画面，但也很难将它们从眼前去除。在牛津大学精神病学系工作的艾米丽·霍姆斯（Emily Holmes）发现，那些有自杀倾向的人在情绪最绝望的时刻脑中经常闪现出自杀的画面。[98]一位男性脑中不停地出现自己是否应该留下一封绝笔信然后跳崖自杀的画面。想象中的画面细节极为丰富，他可以清晰地看到自己的脚、周围的草以及脚下的岩石。有几次他还离开医院尝试真的爬到那个悬崖顶部。一位女士因长期想象出的自己躺在棺材里觉得阴冷潮湿的画面而备受困扰。[99]还有一位男性经常想象出在他每天开车的某个必经之处有计划地将车撞毁的画面。尽管这些画面都是负面的，仍也有少数人对这些画面感到舒适，不过对大多数人来说，这些画面给他们带来了很大压力。一位女士这样向我描述当她打算从一座五层的楼房顶部跳下时想象出的画面："我摔在混凝土马路上。我想象自己的脑袋摔得四分五裂，像个南瓜一样。我看见自己从楼顶跳下，看见自己从空中坠落，头发和衣服被吹向身后，脑袋摔成几块，像西瓜一样发出'砰'的一声。路上的车辆停了下来，人们发出尖叫，我妈尖叫着跑来，悲伤地哭泣，我爸惊呆了，我的脸摔得面目全非，无法辨认。"这幅想象出的画面深深地折磨着她。另外，也有一些人表示这些想象出的画面接管了他们的生活。

239

研究未来思考的学者们认为，这些想象可能会带来严重的后果。许多证据表明，一旦人想象出自己在未来做某事的画面，不管是投票还是献血，他们都更有可能将此付诸行动。心理健康专家在与压力较大的人群交流时都会循例询问对方是否有自杀的念头，但他们较少询问对方是否在脑海中会不自觉地闪现那些不愿看到的画面。关于未来画面闪现在眼前的发现甚至可以被用于心理治疗，用于与有自杀倾向的人们讨论闪现在他们眼前的未来画面，但是会将他们想象的结尾改为没有自杀，告诉他们未来还是存在另外的可能性的。

这个相当令人沮丧的发现体现了未来思考的力量。这是一种极端的情况，但我们每个人的思想每天都会多次游走到未来中。这甚至让我们产生疑问：想象未来是否是大脑的默认功能。

思考虚无

和许多学生一样，我曾经尝试过学习冥想。和其他参加课程的人一样，我也购买了那些看起来概括描述了我们的困难的明信片。我买的那张明信片上是一幅黑白漫画，一个男人正盘着腿坐着冥想，他的周围挤满了代表着他想要摆脱的想法的泡泡，如“我认为自己不太擅长这个”“我所想的东西是正确的吗”“我的膝盖很疼”，等等。随后，当他的大脑开始四处漫游时，关于未[240]来的想法就源源不断地冒了出来，如“我还要待多久才能离开”“我要怎么回家”“今晚吃什么”“圣诞节应该干嘛”。

这张明信片本来是为了说明人在冥想中可能遇到的困难，但也成为一个很好的、说明了其他事情——大脑的“默认工作网络”的例子。那些认为人的大脑只开发了10%的观点是完全错误的。即使你躺着一动不动，看起来什么都没想，大脑中很多部分仍处于十分活跃的运动状态。这里出现了与未来思考有关的最有趣的发现之一，即大脑中与想象未来有关的三个主要区域都是大脑“默认工作网络”中的一部分。看起来就像大脑如经程序设定好一般，在空闲时会自动思考未来，在冥想过程中，导师要求你静坐下来观察自己的思想产生与消失。如果你有过类似的尝试，即使是一会儿，你也很难不对未来进行想象。

大脑在放空时的“白日梦”看起来可能是浪费时间。我们都会和自己的注意力不集中做斗争，但除了那些罕见的强迫性空想者外，头脑神游其实是一个很实用的技能。我们的大脑投入大量精力用于未来思考其实是有合理原因的。通过提取人们想法的样本并进行分析可以计算出人们脑中发生幻想的频率。哈佛大学的研究人员通过一款 iPhone 应用程序搜集了来自 83 个国家的 5000 名参与者的幻想。安装这款应用后，手机每隔一段时间就会提醒用户，询问他们当前心情如何、正在做什么，以及脑子里是否有与当前正在做的事情无关的想法。经统[241]计，人们有 1/3 的时间里都在神游。除了在做爱时，人们的思想都全情投入于当下的事务中。（他们是怎么把这个告诉iPhone的呢?）但遗憾的是，不像对未来有意识的想象总是积极的，无主动意识的大脑神游并不一定使人们心情愉悦。这些想象有一半都是积极的，但并不使人感觉良好，而那些中性或负面的想象会令他们感到不高兴。这样想象未来可能会有其用处，但如果这些想象是无意产生的，用作家们的话来说，就是“要付出情感的代价”[100]。

那么我们的大脑在不停运转，想象各种可能的未来，但大脑为何不会在条件允许的时候休息一下呢？如果我们需要经常关注未来即将发生的事件并做出实际计划，这种想象未来的习惯可能是合理的，但我们经常幻想一些可能改变生活、但发生概率很小的事件，这有什么意义？对未来的幻想毫无疑问可以帮我们为不可测的未来提前做好准备，但哈佛大学医学院的摩西·巴尔（Moshe Bar）提出了更深层次的观点。他认为大脑进行空想的目的是间接的，空想能创造出记忆中没有发生的画面，以便需要时使用。每个坐飞机的人都想象过自己乘坐的飞机坠毁的场面。巴尔的观点是，如果一架飞机真的面临坠毁的危险，人们在之前坐航班时想象飞机坠毁形成的记忆可以派上用场，这有可能救自己一命。[101]

越来越多的证据表明，大脑有更加偏向于思考未来的倾向。一项研究请人们首先选择想象自己生活在10年前、现在或是10年后的场景，然后尽可能快地判断出一些发生在不同时间的事件（包括设定发生在未来的事件）在他们想象中的时间里是在过去还是未来。结果显示，人们判断发生在未来的事件要快得多，而且有趣的是，甚至当首先想象自己生活在10年前时，他们也能更快判断出哪些事件发生在“过去的未来”。[102]这暗示了我们人们时刻都在思考着未来。加上我们还知道情感与思考未来之间存在密切联系，以及发现思考未来似乎是大脑在空闲状态下的默认工作模式，还有我认为未来似乎是影响我们的时间体验最具决定性的因素，我们有把自己投入未来中的倾向。我们把自己想象未来的能力当作一种理所当然，甚至很少认为这是一种能力，然而创造想象的过程曾被描述为是最接近“人类智慧的顶峰”。[103]进行大脑时间旅行的能力给了我们心理现实性的体验，这从根本上塑造了我们。

一个错误的未来

这里存在着一个问题：我们习惯于思考未来，但并不说明我们擅于预测未来，或者从客观的角度想象未来。未来是一个我们很难精确把握的时间框架。美国心理学家丹·吉尔伯特（Dan Gilbert）在进行大量研究后发现，当我们思考未来时，会犯下各种各样的错误。首先的一类错误是我们将过去的记忆混入对未来的想象中造成的。这种记忆的重新混合能让我们产生大量对未来的想象，但这些想象都以过去为基础，而且并没有任何迹象表明未来会与过去相同。如果你准备去医院，你会回想起上次去医院的情形，并认为这次会有类似的经历，即使上次是在10多年前去的另外一个城市的另外一家医院。金融专家表示，一个投资基金在过去的表现并不能作为其在未来的表现的参考指标，然而有多少人会在分析一个投资产品的账面价值时考虑这些信息，并会故意购买那些在过去表现糟糕的基金呢？记忆的本质特征会扭曲我们的思想。在我们的认知活动中，那些极端的、第一次发生的、离现在最近的记忆最受青睐。所以当我们想象未来时，是这些记忆的例子出现在脑海中，而典型的例子则被忽视了。[104]

还有第二个问题，即我们在脑中模拟某个未来事件时往往只侧重考虑一些主要内容——那些我们认为体验中不可替代的部分。所以，如果你即将离开城市去乡下走走，在小酒馆吃顿午饭，你可能会想象自己从台阶上跨越篱笆，在乡间小道上行走，对在那种漂亮农舍里的生活表示神往，爬上小山，进入绿意盎然的山谷中，在村子里一家舒适的小酒馆停下吃午餐。你可能是对的，可能实际就与这很类似。但出城旅行也可能会有一些不太惬意的地方，而在我们事前的想象中也往往将它们忽略，如在出城的路上遭遇堵车，去加油站加油，找地方停车，可能在乡间散步时迷路，走进小酒馆却发现没有空位。在想象中，对未来主要特征的关注会使我们往往只考虑那些好的方面。在负面事件上则完全相反。这些事情的每个部分都令我们害怕，尽管有一部分实际上并不那么可怕，但我们的注意力也主要集中在那些不好的地方。看医生做体检可能并不会令人感到愉快，但并非这一过程中的所有环节都令人厌恶。有些事情是很中性的，例如在等候室读杂志，将外套挂在衣架上，与医生闲聊，和前台约定下一次的检查时间。真正体检的时间在整个过程中只占了一小部分，但这却是之前想象中的唯一内容，这会使我们对未来事件可能带来的情感反应做出高估。你可能认为至少事情都不会像我们想的那么糟糕，当真正经历过后，甚至可能惊喜地发现原来没那么可怕，但这种现象却会使我们做出奇怪甚至错误的决定。这叫作“影响偏差（impact bias)”。

244

我们总是期望好事能带来最圆满的结果，担心坏事造成最糟糕的后果。我们想象自己难以处理好一件重要的事情，而一件好事则能改变我们的一生。但实际上这两种情况发生后，我们仍是原来的样子。不管是好事或坏事，在初始阶段过去后，产生的情感都会慢慢消退，最后只会比原来感觉稍好或稍差。这是由我们观察未来时间的方式造成的，我们会认为一件事在实际中会持续很长时间，所以我们将其截短，用更多的精力想象早期的部分。如果你即将搬到好友的公寓一起住，你会主要想象第一年里两个人生活的欢乐时光以及适应新公寓的日子，而不会想象第五年或第十年更加按部就班的生活。丹·吉尔伯特进行了一项研究，请人们想象如果自己中了彩票或瘫痪后的生活是什么样子。[105]人们想象自己中了彩票后，会打开象征喜悦的香槟大肆庆祝，展示巨大的写着上百万金额的支票，去车行试驾跑车，并请所有的朋友去度假，一刻不停地享受喜悦。对于患上瘫痪的情况，他们会想象自己得知结果后的惊愕，他们会丢掉工作，为了生活方便改造自己的房子，一切都毁了。想象这两种情况时，人们都倾向于关注初始阶段的影响，认为这些感受会持续很长时间。他们忘记了自己能对情绪进行调整。有些在一开始或欢乐或悲伤的情感一段时间后就会消失。当期望已久的升职终于实现后，研究人员发现，这带来的额外快乐只能持续三个月。在那之后你会习惯新的生活，并体会到新工作也有不如意之处，同时发现之前的烦恼并没有消失。你每天还是会在上下班的路上花不少时间，还是得每天早起，还是有一个讨厌的同事。类似地，如果你被迫离开了现在喜爱的工作岗位，过不了多久，你还是会适应新的工作。吉尔伯特发现，即使遭受了严重的残疾，尽管转变过程极为痛苦，但大多数人在中长期阶段能过上比他们预期的更好的生活。他们最终开心的程度也不会比原来下降多少，而且如果他们本来就是一个十分乐观的人，遭遇不幸后还是会比那些原来不太快乐的彩票中奖者在中奖的喜悦褪去后更快乐。

现实中人们过分估计未来情感的例子有很多。从美国中西部地区移居到加州的人们预测自己搬进新家后会更快乐，认为加州宜人的气候会改变他们的生活，但不幸的是并非如此，天气只是影响幸福感的因素之一。而另外一组刚刚收到好消息的人们，在得知自己并未染上他们担心的艾滋病毒后，他们并没有像预期中那么快乐。[106]

246

丹·吉尔伯特和他的同事虚构出一些假想情况，让人们想象这些事情发生后的感受。有的是虚构出普通日常情况，如所支持的棒球队赢得或输掉一场比赛；有的是更严重的事件。吉尔伯特请一位有两个孩子的母亲想象，如果有一个孩子现在死去，七年后她会有何感受。这位母亲回答她永远都会感到难过，虽然会忘记了这件事如此可怕，但生活永远回不到从前，她仍会和剩下的一个孩子一起共同经历美好时光。[107]

令人意外的是，这些研究偶尔还能成功预测真实事件的发生。2000 年的一项研究中，人们被要求想象听到哥伦比亚号航天飞机失事，造成将近十名宇航员死亡消息时的反应。[108]在虚构的场景中，哥伦比亚号航天飞机与“和平号”宇宙空间站相撞，而实际上在三年后这架航天飞机真的爆炸了，造成七名宇航员死亡。在相同的研究中，人们又被要求想象美国在第 2 次海湾战争中推翻萨达姆统治的画面，同样是在 3 年后，这也变成了现实。

从目前我们知道的情况总结来看，思考未来有着非常关键的作用，并可能是大脑的一种默认工作状态，但我们的判断却因对事件初期和主要特征的关注，以及基于极端非典型情况的记忆对未来做出的预测而受到扭曲。就像那些吃完椒盐卷饼只想喝水，却很难想象第二天不口渴的孩子们一样，成年人也很难消除当前感受带来的影响。人在没有饥饿感时会说没有兴趣吃意大利肉酱面作为早餐，而当人饥肠辘辘时，将通常晚上吃

247

的食物拿来做早餐也是一个吸引人的主意。大脑能创造出可信度颇高的未来场景，但它们也并非完美，尤其是在感情的模拟上。我们就是不太擅于预测自己在未来的感受，这可能让我们做出一些对自己不利的决定。

糟糕的选择

大脑持有未来观念的方式会对我们做出的决策带来重大影响。就像我们在预测什么会让自己在高兴时犯下错误一样，影响偏差也会影响我们做出的决策。如果已经决定搬家，我们会深信自己未来的幸福生活将完全依赖于在正确的地段选择了正确的房子。实际上，在新房子里生活的幸福指数很大程度要依赖于自己与伴侣或合住者的关系。[109] 类似地，如果有人宣布自己将辞掉现在的工作，换一个工资更高的地方上班，大多数朋友都会认为这是一个理性的选择，但实际上工作的幸福感更多来自于同事关系与工作氛围，而非小小的涨薪。

你有两个任务需要完成——第一个比较简单，因为是一项英语作业。但题目是关于社会心理学的历史，可能不会令你太感兴趣（当然我不这么想，这实际上很有趣）。第二个任务更难，因为要用法语完成，但它与浪漫的爱情有关，因此你甚至可能从中学到有用的东西。第一个作业要求在一周内完成，第二个作业要求在两个月后完成，你可以选择一个作业先做，但不管你选择先做什么，你都只有等到截止日期前一周才会收到完成作业的指导。你会选择先做哪个呢？

当这个实验在以色列进行时，简单的作业是用希伯来语，困难的作业是用英语。绝大多数学生都倾向于优先选择完成简单但乏味的任务，将更有趣也更困难的任务留在后面。[110]思考未来的情况时，人们似乎并不为第二个任务需要花费的大量时间而担心，他们深信自己在未来会有更多时间，因此不存在问题。之前已经讲过，对越遥远的未来，我们的预期就越乐观。没有什么比我们在对时间的预计上能更明显地体现这一点。尽管过去的经历一再告诉我们真相，但我们总是相信自己在未来会有更多的空闲时间。[111]

学生们要在下年度的两个学术讲座中做出一个选择。他们可以在城市的另一端参加一节有趣的课程，也可以选择就在隔壁礼堂举行的一个无聊的讲座。大多数学生选择了那个有趣的课程，这也许没什么值得奇怪的。但如果研究人员告诉学生们课程的时间是在明天而不是明年，大多数人却做出了相反的选择。一旦将可操作性加入考虑，学生们便发现长途跋涉到城市另一端太辛苦，因而宁愿选择那个更乏味、但方便得多的讲座。[112]尽管我们理性上很清楚地知道不管选择做什么活动，都要以牺牲这段本可以用来做其他事情的时间为代价，但我们似乎只有在考虑将于不久后发生的事件时才会重视这一点，对于较远的未来，我们会将情况简单化，忽略掉一些关键的因素，无视在下一年我们还是会一样忙碌的事实。

我们认为自己在未来总会拥有足够时间的这种乐观精神是非常有趣的，因为我们似乎永远无法认识到这个错误。因此，我们经常把今天的健身计划推迟到明天，因为今天太忙，明天一定去。我们永远都对未来的自己保持乐观。我们会更好，生活会更有计划，因此会有更多时间。想象中一年后的自己是一个坚持如一、技巧熟练的人，能够轻松适应一些额外的活动。但仅考虑下周，我们知道自己是绝不可能完成任何其他事情的。对于较近的将来，我们会考虑到一些可能会令我们退缩的环境因素，但在长期想象中，未来的自己似乎不会受到任何普通因素的干扰，例如乘坐的火车出现故障这种司空见惯的现象。我们甚至会用更简单的形容词来形容未来中的自己。[113]对未来的乐观估计会让我们不停地尝试给未来的一周塞入根本做不完的事。如果有人请我在明年某个时间去威尔士进行一场讲座，我可能直接答应，因为我认为自己会安排好手上的工作，留出一天空闲时间，花 3 个小时乘火车去威尔士。这看起来是个好主意，但直到讲座日期临近，看着排得满满的日程表，我真希望自己当初没有答应进行这个讲座。然而如果有人问我能否在下周去威尔士进行一个讲座，我立刻就知道自己必须拒绝。这种认为未来会有更多空闲时间的乐观情绪会造成拖延症。

250

人们普遍认为，拖延症的产生仅仅是由于懒惰、注意力不集中等原因。实际上，我们深信在未来，即使是下周，需要自己花时间处理的事情都会更少。所以，并不是沉闷乏味的任务才会使我们拖延。商家们乐于在网上向消费者提供额度可观的供未来使用的优惠券进行促销，因为他们知道即使优惠券对消费者有很大吸引力，例如一顿大餐，很多人也很有可能根本不去使用它们。苏珊・舒（Suzanne Shu）在她的研究中发现，尽管人们声称自己更青睐有效期更长的优惠券，但实际中，人们对这些有效期较长的优惠券的使用频率却远低于那些在两周内过期优惠券的使用频率。[114]她同时发现，那些去一个城市旅行 3 周的游客往往比那些在那座城市里待了 3 年的人们游览过更多风光，因为前者的时间有限。当不存在截止日期时，人们不会去景区游览，因为他们认为将来的空闲时间有的是。我们都有过这种经历。过去的 10 年中，由于我的搭档工作的关系，我一直都有机会参加每周三英国首相在下议院回答议员问题

（首相的问题，PMQ，Prime Minister's Questions）的会议。但不巧的是，我每个星期三都很忙。直到最近一个星期三，我才终于获得了现场观摩首相的问题（PMQ）的机会，尽管这一直都是我非常感兴趣的一个活动。苏珊·舒从在芝加哥进行的一项研究中发现，那些打算永远搬离这座城市的长期居民在搬家打包过程中会抽空抓紧时间游览景点，因为他们还从未好好看看这座自己生活过的城市。

花了五年时间才记录到“蚂蚁”这个词

1857年，位于伦敦的英国语言学会（Philological Society of London）发出一个声明，宣布成立“未被收录词汇委员会”（Unregistered Words Committee），旨在列出当时并未被词典收录的词汇。5个月后，参与这项工作的时任西敏寺主持的理查德·特伦奇（Richard Chenevix Trench）更进一步地发表了一份分为两个部分的文章，呼吁从盎格鲁一撒克逊时期起向前对英语这门语言的历史进行全面的重新审核。这将会编撰出有史以来最好的一部英文字典。到1860年，编撰计划全面展开，编委会充满信心地宣布字典的编撰工作将在两年内完成。有些不可避免的因素会造成工作的延期，这也是正常的。一位名叫赫伯特·柯尔律治（Herbert Coleridge）的年轻人成为词典的首位编者，他从首字母为A—D开始的单词开始，但后来他被发现患上了肺结核，据说这是因为他穿着打湿的衣服坐着参加了一次英国语言学会内部的会议而染上此病的。[115]在向学会交出自己完成的第一组单词后的两个星期，他就去世了。从那以后，词典的编撰工作就放慢了脚步。1879年，编委会与牛津大学出版社达成协议，确定将在 10 年后完成词典的编撰工作。但过了 5 年后，词典才仅仅编到“蚂蚁”（ant）这个词。之前没有任何人预计到从 7 个世纪前开始追溯单词的历史，同时保持词汇的时效性是一项如此时刻充满变化的工作。随后的研究持续了几十年，直到 1928 年《牛津英语词典》才终于完成。词典中一旦有内容被认为过时了，修订工作便立即开始。

252

与政府部门采购新的电脑系统或建设公共设施时遭遇的延期相比，一项原本预计 2 年完成的工作实际却花了 71 年，这确实是事前过分低估了工作任务的难度。即使从外行的角度，也能明显地看出这项工作的任务极为繁重，10 年内完成的预测也是过分乐观了。在事后评价一件事情当然能够看得更清楚，但身为局外人的身份也为我们带来了第二个优势——身为局外人，我们预测他人的工作将花费多少时间的准确性是超出我们想象的。当一个朋友告诉我们他很失望家里厨房的装修工程并没有像建筑商承诺的那样按期完工时，我们对这个消息并不会感到吃惊。然而这个技能在估计自己的工作时却消失了。这种容易低估自己工作完成时间的倾向叫作“计划谬误理论”（Planning Fallacy），它产生的原因还是与我之前已经提到过的想象未来的关键特性——细节的缺乏有关。想象的未来越远，描绘出的细节就越少。但下面是更令人奇怪的地方，在思考其他人的未来时，我们会考虑到细节。对于他人的任务，我们既会考虑他们以前完成类似工作用的时间长度，也会考虑那些可能干扰工作进度的因素，例如生病、预料外的朋友拜访、疲劳，等等。而当估计一项自己的工作需花费的时间时，我们会忽视上面这些信息，仅仅关注工作本身的特性。[116]最能说明这一点的研究没有使用假设的情况，避免了我们永远无法知道人们在真实情况下会如何表现的不足，这也是这项研究的美妙之

253

处。相反，研究人员对那些正在抓紧时间完成论文的学生们进行了测试。研究发现，学生们更擅长判断其他人的论文需要多长时间完成，而判断自己的论文需要的完成时间，他们有时也会回想过去的任务，但并不是为了使他们做出准确的判断，而是为他们的乐观辩护。过去所有良好意愿被不可预期事件打乱的经验似乎都被他们忘到脑后了。

有很多方法能在预测未来时避免“计划谬误”的产生，帮助我们更准确地预测一项任务所需的完成时间。我将在下章介绍更多相关的方法，首先介绍2个简单的技巧；你可以请其他人帮你估算自己的工作需要花多长时间；如果你想自己来，那么可以采取别人的策略估算自己工作的所需时间，如有意识地回想一些过去的类似情况，将过去的情况与当前的环境做对比，然后估算当前任务的所需时间。研究人员发现，正如想象出的未来并不能告诉我们任何信息一样，仅仅是思考过去也无法给我们带来什么信息。如果你真的想知道当前的任务需要花多少时间，首先你要回想过去的经历，然后分析手上新任务的细节，比较前后任务的相似性，接着加上一些时间，用来补偿类似以前碰到的干扰因素对工作时间造成的拖延，另外还应再加上少量时间，因为你无法在一夜之间变成一个极为有条理、不需要睡觉的人。

254

我已经介绍过我们在思考未来时可能犯下的一些错误。最后，关于我们思考未来时间的方式还有两个方面需要说明。其一是，有些人会比其他人花更多时间思考未来，这就引出了关于时间观的话题。

一个棉花糖还是两个？

如果我给你两个选择，第一是现在给你吃一个棉花糖，或者如果你能在棉花糖边坐着等10分钟，10分钟后你就能吃两个，你如何选择？这个选择当然与你喜爱棉花糖的程度以及接下来的10分钟是否有其他事情要做有关。你可能认为现在吃一个棉花糖比较方便，如果觉得好吃在回家路上买一大包就行了。但对于一个4岁的小孩来说没有这个选项，因此这个关于棉花糖的选择对他们来说是非常严肃的。不仅如此，他们做出何种选择甚至也能预测他们在大学里的成绩，或20年后他们吸毒的概率。

关于棉花糖的研究是位于斯坦福大学校园内一个十字路口的宾托儿中心（Bing Nursery School）进行的最有名的实验之一。教职员工把自己的孩子送到这个托儿中心，必须答应的一个条件是同意研究人员对孩子们进行心理学研究。不难看出家长们同意的原因是托儿中心内有大量的玩具、游戏、手工材料和可供玩耍的设施。加州和煦的阳光也让孩子们随时都能在宽阔的操场上玩耍。除了这些设施之外，托儿中心中每天还有一个最受孩子们欢迎的项目——研究人员请孩子们进入在操场中央围成一周的特殊房间。这些房间都很小，里面除了放在中间的一张桌子、一把儿童专用的椅子和一个摄像机之外别无他物。乍看之下，在户外爬梯上玩耍是个更好的选择。孩子们并不知道他们正在参加一项可能改变儿童教育理念、影响儿童保育政策的研究。他们也不知道这项研究会给他们带来一生的影响。他们知道的仅仅是在房间里短暂的时间内，他们的注意力要放在一个告诉他们一个游戏新玩法的大人身上。当我去这个托儿中心参观的时候，我很明显地意识到这是个很特殊的托儿中心，在这里诞生的发展心理学研究成果比世界上任何其他地方都多。

255

1968年，心理学家沃尔特·米歇尔（Walter Mischel）在这里开始了他的棉花糖研究。与很多经典心理学实验一样，米歇尔当时做的研究如果放在今天也是不会被允许的，这并不是因为越来越严格的科学伦理要求，而是因为（工作人员告诉我的是）现在的家长很难接受托儿中心给孩子们吃甜食，尽管只是一两个棉花糖而已。

具体的实验是这样操作的。一个孩子坐在一张桌子旁，桌子上有 2 个白色的盘子和 1 个铃铛。一个盘子中间放着 1 个粉红色的棉花糖，另外一个盘子中间放着 2 个棉花糖。研究人员会告诉孩子自己将离开房间，而后者有两个选择，如果想吃 2 个棉花糖，就需要等一会儿直到研究人员回来为止；或者可以摇响手边的铃铛，然后就可以立刻吃到棉花糖了，不过只能吃 1 个。[256]这是一个很直接的选择——1 个现在的棉花糖或 2 个 10 分钟后的棉花糖。

在 1968～1974 年间，超过 500 名儿童参加了这个棉花糖测试。如果他们选择等待，在等待的过程中除了眼睛盯着圆胖的粉色棉花糖之外没有别的事可做。这项实验测试的是孩子抵抗诱惑、延迟满足感的能力。早期的实验过程并没有被摄像机记录，但通过观看后期重复实验的录像，可以观察到有些孩子为了将注意力从棉花糖上转移而采取的策略。少数孩子闭上了眼睛，其他的孩子们有的坐着不动，有的专心地看着天花板。他们竭尽所能阻止自己将注意力放在香甜可口的棉花糖上。不止一个孩子询问为什么自己一定要等待才能拿到 2 个棉花糖，他们对这个规则信以为真。正如米歇尔告诉我的："对他们来说这就是真实生活。"

这看起来仅仅是一个简单的关于耐心和自控力的测试，但随着米歇尔对这些孩子们长大后的跟踪调查，他发现这个测试的作用远远超出他原本的想象。那些能耐心等待 10 分钟得到两个棉花糖奖励的孩子在将来有更大可能性在学业和事业上取得成功。那些直接吃掉 1 个棉花糖的孩子在今后更有可能吸毒、收入更低，或者被关进监狱。[117]我与 40 年前参加过米歇尔的棉花糖测试的一个孩子卡罗林·魏兹（Carolyn Weisz）进行了交谈。她记得那个托儿中心，但已记不清自己当时是否吃了棉花糖，并且尽管几十年已经过去了，但研究还在继续，因此研究人员非常谨慎，不会透露任何个人的测试结果。今天，当年的一些接受测试的孩子已经迈入中年，研究人员给分居各地的他们寄去笔记本电脑，让他们完成后续的一系列实验。巧合的是，当年参与测试的魏兹如今也已经是一名心理学家，并且她还清晰地记得自己在宾托儿中心的那段时光。

257

这项研究的目的绝不是对孩子们进行分类，而且随着测试样本数量的不断增加，会有一个平均水平来反映测试的总体情况，但这并不能完全决定每个个体今后的命运。如果你对自己的孩子进行了这个测试，然后发现他有些缺乏自制力，这并不表示他们今后一定会遭遇牢狱之灾。现在，已经有实验研究如何让那些最缺乏自制力的孩子学会掌握那些自制力最好的孩子们用来分散注意力的技巧。

那么，这些与时间到底有什么关系呢？棉花糖测试通常被认为是一种关于自制力的测试，但这也是一种相当有效的关于孩子们未来观念的测试。米歇尔在对十几岁的青少年进行研究时发现，那些擅于延迟满足感的青少年比那些在 10 年前在棉花糖测试中选择立刻吃掉一个棉花糖的青少年，在其父母眼中更加擅于对未来做计划。在一项更新的研究中，一些青少年要在可以立刻得到的一小笔钱和稍后得到的一笔较多的钱中做出选择。同时进行的人格测试显示，能最准确地预测出他们做出何种选择的参考因素并不是这些青少年性格上的易冲动性，而是他们思考未来的倾向程度。研究人员发现，10～13 岁的孩子们更倾向于选择马上得到一小笔钱，而 16 岁以上的青少年更多地选择等待一段时间后得到更多的钱。[118]这说明人到了 15 岁之后，大脑中思考未来的频率可能出现显著的提高。 258

人们通常认为，处在青春期时的青少年会勇于冒险不顾未来的后果。那些倡导健康生活的公益广告也重点宣传短期效应——反对吸烟的广告会表现出化妆瓶变成烟灰缸的画面，警示人们吸烟可能对当天皮肤造成的影响，而不会重点表现吸烟对人健康的长期影响，例如吸烟者 50 年后肺部的模样。青少年这种喜欢冒险的倾向有各种心理学的解释，包括额皮质发育缓慢，荷尔蒙对免疫系统的影响，以及正在发育的工作记忆等因素，这使人产生的自控能力的认知系统需要花更长时间才能发育成熟。因此在青少年时期，是情感系统与寻求奖励机制控制了大脑，带来的结果就是青少年更喜欢冒险，但未来观似乎也很重要。很多研究发现，随着青少年年龄增长，他们更有可能做出计划，并在做出决定时更多地从未来角度考虑。

面向未来的思考

魅力四射的心理学家菲利普·津巴多（Philip Zimbardo，他认为戴着一顶闪闪发光的帽子给本科生做演讲都不是什么大不了的事）因进行了斯坦福监狱实验而出名。在实验中，他将斯坦福大学心理学系的地下室改造成了一个“临时监狱”，将参与者们分为“看守”和“囚犯”，然后观察会发生什么。实验进行得很糟糕，更确切地说，是对于实验中的“囚犯”来说很糟糕，他们很快发现自己受到了“看守”们严苛的虐待。但 259

这个实验对津巴多来说却是美妙的，这成了社会心理学研究史上的一个经典实验。在实验的尾声，他的助手（后来成了他的妻子）告诉他监狱中的暴力行为有些过头了，他必须马上停止这个实验。与那个监狱实验相比，他最近进行的关于时间观的实验显得有点乏味，但也有重要意义。

每个人在思考中面向未来的程度都有所不同。不可避免的环境因素有时会使我们无法对未来做出计划；如果你还没有找到下周的居所，你也不可能做出5年后的职业规划。但由于未来思考可能是大脑在空闲状态下的默认工作状态，有些人会更主动地比其他人更多地考虑未来。查尔斯·达尔文（Charles Darwin）透露自己是一个有极端未来思考倾向的人（也许是因为人们往往认为他总是与久远的过去有关）。他在结婚前曾经列出一长串结婚的好处与坏处的清单。他认为不结婚的坏处包括老了没人照顾、没有子女（在这条下面他还写下了“没有第二次生命”）。我认为可以很确定地说达尔文是一个对未来考虑相当多的人。

津巴多时间观念量表（Zimbardo Time Perspective Inventory，ZTPI）对人们时间观念的倾向进行了评估，并将人的时间观念分为六类：消极的过去时间观（past-negative）、积极的过去时间观（past-positive）、宿命主义的现在时间观（present-fatalistic）、享乐主义的现在时间观（present-hedonistic）、未来时间观（future）以及超未来时间观（transcendental future）。通过他的问卷可以测出你的时间观念属于哪一类。通常没有人的大脑中只存在一种时间观念，对大多数人来说，这六种时间观念中的两到三种在脑中占据主导地位。不出意料，持有享乐主义的现在时间观的人更善于活在当下，更有可能进行赌博，更喜欢喝酒，在路上更加冒险；而那些持有未来时间观的人（同样也是那些为了得到更多钱，愿意付出更多等待的青少年）在考试中成绩更好，也更注意保护牙齿。

那么拥有哪种时间观念的人幸福感最高？消极的过去时间观听上去不太好，但津巴多在采纳了现代的思乡症观点后认为持有消极的过去时间观是件好事，只要你不过分缅怀过去失去的事物。很多研究人员发现，持有未来时间观的人在总体上更幸福，但津巴多并不这么认为，他警告说过度的未来时间倾向可能使人成为工作狂，缺乏社会交际和集体意识。他的研究发现，人们不应该追求某一种时间观念作为主导，而应该寻求这些时间观念的平衡。这说起来似乎比做起来容易。津巴多的同事发现只有 8%的参与者拥有完全平衡的时间观念。但令人好奇的是，尽管津巴多认为拥有平衡的时间观念是幸福生活的必要条件，然而在关于幸福生活程度的调查中，表示满意或非常满意自己现在生活的人数比例远超 8%。

如果你在网上完成他设计的问卷，测出自己主要以哪种时间观念为主导后，津巴多也有一些建议，你可以通过一些细微的改变使一切变得更好。如果积极的过去时间观较弱，津巴多建议你拿起电话联系一个老朋友，也将你与自己的过去重新联系起来；如果你的现在时间观较弱，你可以拿出一小时做自己非常喜欢的事；如果想提高未来时间观，你可以尝试着对未来的一件事情做个详细的规划。津巴多表示，最有可能给人带来幸福的，是积极的过去时间观与未来时间观的混合，加以适当程度的享乐主义的现在时间观，让人能够活在当下。通过类似津巴多问卷的方式对自己的时间观念进行测试可能给你带来启发，但想要产生持续性的改变则是一个困难的过程。

向后看，向前看

我们的时间观念中还有另外一个方面，即在不同个体与社会群体中存在巨大差别。这种差别并不体现在你是关注于过去还是未来，而是在于关注的过去或未来离现在有多远。历史悠久的英国儿童电视节目《起航旗》（*Blue Peter*）在 1971 年搬到新的制作地点前埋下了一枚时间胶囊，在 1984 年，又埋下了第二枚。这两枚时间胶囊一直被埋在地下，尽管后来有流言指责节目制作单位英国广播电台 BBC 弄丢了标有两枚时间胶囊埋藏地点的地图，但在 2000 年的一期特别节目中，这两枚时间胶囊都被顺利地从地下挖出。它们在地下仅仅被埋了 29 年，从大体上看并不是一段很长的时间。甚至后来打开时间胶囊的节目前主持人皮特·帕维斯（Peter Purves）也承认，那么多人还对此感兴趣令他惊讶。但人们确实很感兴趣。主持人拿起成捆的观众来信，来信内容都是提醒节目组按照 1971 年要求的按时挖出时间胶囊。遗憾的是，在节目的现任与前任主持人共同打开时间胶囊的神圣一刻来临后，他们却要竭力掩饰脸上的失望。记录 29 年前埋下胶囊的影片声称胶囊的铅衬和螺栓将胶囊包得绝对“严丝合缝”。但遗憾的是，这还不够严密。水渗到了胶囊内部，打开铅衬后，发现内部成了潮湿不堪的一团，只有一些硬币和《起航旗》的徽章还保持完好。其他的胶囊分别要在 2029 年和 2050 年才能打开。这样的时间看起来很适合一个电视节目，能唤起观众的怀旧之情，也是创造节目自己的历史时刻，但这与一些在日本埋下的时间胶囊比较就相形见绌了，因为那些胶囊被要求过 5000 年后才能打开！这就是我所说的时间的深度!

那么是什么决定了我们的时间深度呢?温斯顿·丘吉尔曾经说过:“向后回顾得越远,向前展望得越远。”最近的研究证明这位伟人的观点是正确的。看看下面这个测试:

回想一件最近发生在自己身上的事并写下这件事的时间,然后在纸上写下一件稍久以前发生的事并写下那件事的时间,最后写下一件很久之前的事和它的时间。现在写下另外三件事和相应的时间,这三件事分别是你想象自己可能在较近的将来、中距离的将来和较远的将来经历的事件。比较这些事件,哪个离现在最远,是过去的事件还是未来的事件?

照例这没有正确或错误答案。但多数人选择的未来离现在最远的事件比从过去选择的最远事件距现在的时间更远。组织心理学家阿伦·布鲁顿(Allen Bluedorn)发现,大多数人想象中的近期未来的时间比较近的过去时间距现在长5倍。几乎每个人都将短期的过去定义为过去6个月内,2/3的人选择的事件发生在2周甚至更短的时间内。这说明,我们展望未来的时间范围比回顾过去要更广。下一点发现就是丘吉尔说得对的地方:人们回顾过去的事件离现在越远,他们展望未来的时间也离现在越远。因此可以确定地说,向后回顾得越远,向前展望得就越远(想想达尔文做的研究和他列出的结婚优缺点清单)。

甚至你思考未来的先后顺序都会对你的想法造成微妙的差异,这一点也是可以为人所利用的。一项研究中请来一些硅谷公司的CEO们,一组CEO被要求做首先想出10件未来的事件,然后回忆10件过去发生过的事;另外一组CEO被要求做同样的任务，只不过顺序反过来——先回忆10件过去发生的事，然后想象10个未来事件。思考未来在先还是在后并不会对时间深度造成区别，但如果思考过去在先，其后对未来的思考深度平均则比过去多5年。[119]这个差别是非常醒目的。它为商务人士上了一堂实用的管理课程：一个机构的历史越悠久，它的员工考虑的未来则越遥远。有一个管理学训练方法可以帮助管理者驾驭这一理念，方式是通过训练管理人员更多地使用将来完成时而非简单将来时表达出自己对公司的期望。因此公司管理者不能说："我们将解决生产线上存在的问题。"（We will sort out the problems on the production line.）而应该说："我们将要解决好生产线上存在的问题了。"（We will have sorted out the problems on the production line.）[120]矛盾的是，该理论行之有效的原因是将来完成时态的表达方法与过去式更接近，让他人更容易对未来进行想象。通过过去想象未来甚至可以对想象的质量产生影响。如果要求人们想象过去一个已经发生的车祸场面，人们描绘出的细节比想象未来车祸画面的细节要丰富得多。两者都是虚构的，两者都需要想象，但有一个更容易。

这再一次对大脑如何构造未来的时间观念进行了阐述，如同构建过去和现在的时间观念一样。我们对未来的概念与对过去的观念是紧密联系在一起的。现在可以明确地说，未来思考可以对我们的行为产生有力影响。它让我们拥有远见与想象力，让我们有能力做出计划，但它也可能扭曲我们的思想，让我们做出可能后悔的选择，从像棉花糖那样的小事到可能致命的大事上。但我们也能利用未来思考的特点，以及其他时间框架的特点，我将在最后一章阐述关于如何驾驭这些时间观念特点的研究。

Chapter 6

你与时间

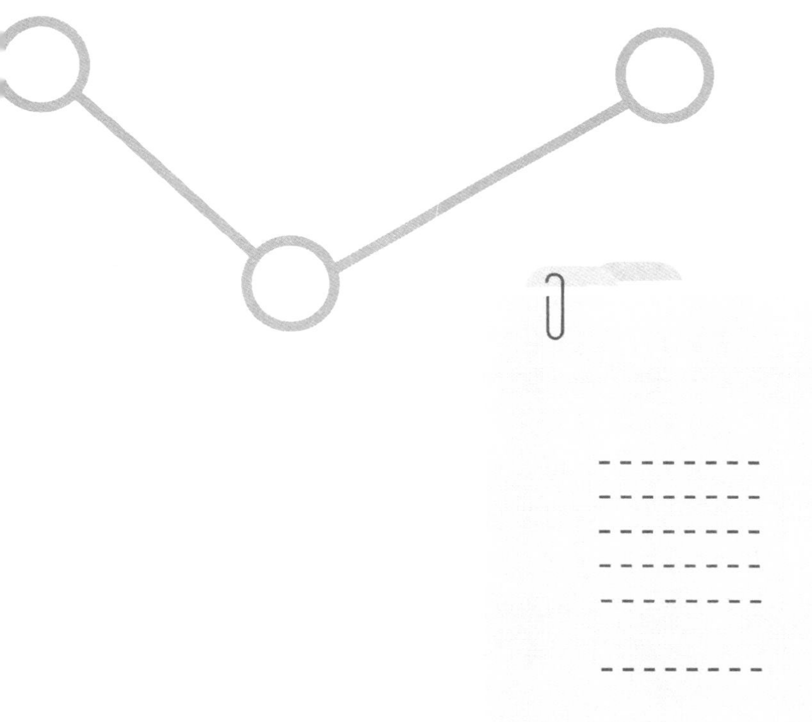

267 我们已经在脑中进行了向后和向前的时间旅行。我们看到，大脑活跃地通过记忆、注意力及情感创造出我们对时间的体验。尽管并未在大脑中发现一个专门计算时间的构造，我们仍能测算时间的流逝。大多数情况下时间流逝的速度很平稳，然而时间变出的戏法一再让我们感到惊奇。我们与时间的关系并不是直接的，正是这一点让时间变得如此迷人。

在本书中，我已经向大家介绍了我认为对时间研究最有信息价值的作品，这些都是世界各地科学家们的研究成果。现在的问题是如何将这些关于时间观念与大脑时间旅行的知识应用到实际生活中。本书并非一部操作指南，但在浏览完涵盖该领域的大部分研究之后，这些信息可以提示我们找到一些方法，帮助我们掌握、驾驭以及铸造自己的大脑感知时间的方式。我将在本章中提出的每个建议都是有理论依据的，没有一个是我纯粹编造的，否则就是在浪费你们的时间。该研究领域中的很268多方面都尚处在起步阶段，毫无疑问随着时间心理学领域的研究不断深入扩大，在未来我们会不断获得新的观点与知识。但就目前已有的成果来看，我们也能在很多地方付诸实际应用。

如果你感觉生命中的时间过得太快，一年过得比一年快，那么在本章中你可以找到让时间慢下来的方法，尽管我怀疑你是否真的希望如此。你还能学会更加准确地记忆过去事件发生的时间，以及如何更聪明地使用时间。但要记住，每个人遇到的时间问题都不同。有些人认为时间过得太快，而有些人认为一个小时都很漫长；有的人担心自己过分着迷于大脑的未来旅行，而有的人却因经常遗忘自己该做什么而困扰。在本章中，我将主要针对 8 个不同的问题进行论述。

本书读到这里，你可能已经开始思考自己个人观察时间的方式是什么样的。你是否能看到时间在空间中以一幅具体画面的方式呈现在你面前？你把未来放在左边还是右边？当你思考托马斯·科特尔对美国海军士兵进行的研究时，你可能也在纸上画出一幅自己认为更合理的时间示意图。或许你已经上网完成了津巴多的时间观念测试（ZPTI）。

你是沿着时间的大道向未来前进，还是你静止不动，未来朝你涌来？回想那个将下周三的会议时间“向前”移动两天的问题，如果你认为会议时间改在下周五，那么你认为是自己主动在时间中朝未来前行的；如果你认为会议改在下周一，这说明你认为自己静止不动，而是时间向你逼近。上面的每个测试都可以揭示出你个人如何产生时间的观念。时间的观念是指你对时间产生的印象，并且这种印象会塑造出你的精神世界。但因为你是在主动创造大脑时间，所以你也能够对它产生影响。现在看看你碰到过以下哪些时间的问题带来的挑战。

问题一：时间越来越快

在我写这本书时，人们问我最多的问题是，如何让时间过得慢一些？我已经说过，随着年龄增大感觉时间变快是一种非常普遍的现象。有研究请人们在心中默数，判断何时过了 3 分钟，结果发现年轻人判断准确度较高，平均只超出 3 秒，而中年人平均超出 16 秒，60～70 岁的老年人则平均比实际超出 40 秒后才认为到了 3 分钟，这可是一个不小的误差。似乎老年人体内的时钟变慢了，可能是因为实际过去的时间比他们判断中的要多，这让他们感觉时间变快了。[121]

这种感觉非常真实，而问题仍然存在，即如何改变这种现象？讲到方法之前，我认为有必要先提出另外一个问题：你真的希望时间过得慢一些吗？

[270] 如果你回想关于判断时间流逝的研究，可以发现在很多情况下时间都发生了扭曲，让它变得更长了：霍格兰德夫人发烧卧床时；米歇尔·西弗尔躺在地下冰穴内潮湿的折叠床上，周围堆着腐烂的食物，他非常渴望找到一双干袜子，自己还慢慢出现了色盲的症状；处于极度绝望，产生自杀念头的人们，感觉1小时漫长得像3小时；阿兰·约翰斯顿在被囚禁的小屋中，在每个漫长的夜晚里数着时间流过，为自己生死未卜的命运担忧。对以上这些人来说，时间都过得很慢（尽管西弗尔后来发现时间实际上过得比他所认为的要快）。我们真的希望得到类似的感受吗？无聊、焦虑以及不开心都会让时间变慢，但这些都不是理想的精神状态。如果你认为生活中时间过得很快，说明你的生活很充实，不会感到空虚，更可能感到幸福。缓慢流逝的时间可能并非你想要的一种状态，当然除非你能找到一种方法让愉快的体验与时间隔离，使它们持续得更长一些。

有人曾经刻意通过催眠，试图使时间的感受延长。早在20世纪40年代，两位美国精神病医生林恩·库珀（Linn Cooper）和米尔顿·埃里克森（Milton Erickson）就对一些志愿者进行了催眠实验。当进入催眠状态后，医生请他们想象自己完成一段10分钟步行的画面，但却只给他们10秒钟想象出整个过程。只有完全进入催眠状态后的志愿者才能描述出10分钟步行的每一个细节。问题是，这是因为他们扭曲了对时间的感知，[271] 让10秒减慢为10分钟，还是仅仅因为他们有极佳的想象力？几十年后，心理学家菲利普·津巴多同样进行了通过催眠造成时间扭曲的实验。津巴多知道自己的时间观念有强烈的未来倾向，抗拒享受当下的生活，于是他安排同事对自己进行催眠，并促使他允许当下在自己脑中的扩张，直至完全占据他的全部大脑和身体。津巴多认为这个方法起到了效果，他开始留意到周围的气味，以及墙上挂着的油画中绚丽的色彩。

那么如果你既不想被催眠，也不想忍受漫长的时间带来的煎熬，而仅仅是想减轻那种“这周过得比上周更快”，或是“马上又要到圣诞节了”的不安感，该怎么做呢？有一种方法能够让一年感觉过得没那么快，要做到这个，首先你要学会驾驭“假期悖论”（即度假时感觉时间过得很快，但事后回忆却觉得假期持续了很长时间的矛盾感觉）。有的人为了重新找到度假的感觉，干脆把整个生活都搬到度假酒店里。社会学家凯伦·奥莱利（Keren O'Reilly）在西班牙的英国移民社区的民族志中发现，国外生活对于很多人的吸引力在于他们更想活在当下。[122]在对西班牙太阳海岸（Costa del Sol）的英国人进行采访后奥莱利发现，人们非常喜欢这里的新朋友对他们的过去一无所知，而且人们在交谈中也很少提到未来。人们告诉她，关于未来，他们只确定一件事，就是他们再也不想回到英国生活了。除此之外，奥莱利还发现人们很少做明天以外的计划。那里的人们成功进入了一种完全沉浸在当下生活中的状态，这甚至给奥莱利的研究带来不小的挑战。当她在约定的时间准时到达计划好的采访地点时，却发现采访对象慢悠悠地从路上走来，肩膀上搭着毛巾，准备去游泳，并且因奥莱利表示自己不能和他们一起去而感到奇怪。有一次，她因迷路而比计划迟到了一个半小时才找到要采访的一对夫妇，那对夫妇根本没有注意到她迟到了，并对她的道歉感到很诧异。在太阳海岸居住的英国人都有一个特别之处，他们主动移居此地的目的都是过上更慢节奏的生活，并花更多精力享受当下的生活。他们想更好地利用“假期悖论”，创造出一个长期的、持续的假期回忆。

问题是我们知道这些日子在回忆中的印象与发生的新鲜事有关，尽管国外的生活不像国内的生活那样按部就班，但使回忆中的时间显得很长的新事件会随着人们对新环境的熟悉不可避免地慢慢变少。奥莱利甚至提到人们有时会尝试挑战时间流动的单向性，试图找到某种方法停止时间前进的脚步。

如果你在家乡生活，也想使时间流逝的脚步放缓，我们需要了解有哪些因素使假日变得特别，以重新形成“假期悖论”。首先，假日中有较少例行事务。但在日常生活中，例行事务不可避免，每天重复的琐碎事务，例如做清洁永远都会存在，你不可能将它们全部去除。你能做的只是在任何可能的时候给生活增添一些多样性。如果你能过上一种当前充满新鲜感与娱乐性的生活，那么在回顾中这些年月就显得很长。如果可能的话，你可以找出几条不同的上班路线，尽管有的路程可能要多花几分钟。这可以避免“自动驾驶”现象的产生，即大量重复的生活如此相似以至于无法引起你的注意，当你到达办公室时，却完全无法想起上班路上的一些细节。而只要你改变既有路线，你就会必须保持留心。你会注意到周围环境的更多信息，这些新的信息会让你在回顾时感觉这段时间过得更长。也许你并不想每天都这么做。有的人每天选择相同线路上下班的原因之一就是不愿想太多，以便让大脑有机会得到休息。既然你可能不想每天都尝试不同的线路，那么你可以选择在每天相同的路线上看点不同的东西。如今天公交车上穿什么颜色衣服的人最多？哪一座建筑的楼顶最漂亮？

在度假时你会不断产生新的体验，这些体验能形成新的记忆，这样在事后回顾时，你就觉得这段假期很长。因此在日常生活中，创造的记忆越多，时间也会感觉过得更慢。如果政府想真正提高人们的幸福感，甚至可以鼓励用人单位在工作中推行更多变化。例如一段午餐时的演讲、在某天设置岗位轮换，或者允许员工在不同的地点按不同的顺序完成任务。如果你周末的 2 天时间安排了各种活动以及新的尝试，你在此过程中可能觉得两天时间过得很快，因为你十分投入，但周末结束时回头看你却会感觉过了不止两天。如果每个周末都做点不同的事情，你可以在一个月内形成很多新的记忆，这样每周都过得很快的感觉就会减弱。现代研究证明了哲学家让-马利·居友早在 1885 年就提出过的建议，他说如果你想让时间变长，“如果有机会，就用 1000 件新事情去充实它”。

274

用不同的活动填充周末需要耗费大量的精力，在经历一周疲惫的工作后，你可能不会十分渴望在周末进行新的探险，而是想享受周末的闲暇。周末待在家看看报纸，整理房间，看看电视，给几个朋友打电话，这些都会让你放松身心，但这很难在脑海中产生什么新的记忆，过不了多久，这个周末就被淹没在大量普通周末的海洋中找不到踪迹，而你则感觉时间过得更快。那么就存在一个取舍问题：你是想让时间慢下来，还是想将空闲时间用来休息？

令人失望的是，看电视并不是正确的方案。当你感觉很累什么也不想干时，看电视看上去是个完美的选择，你根本不需要活动，不需要很专心，同时电视也能转移你的注意力，让你暂时忘掉烦恼，得到娱乐。毫无疑问，电视是非常受欢迎的。但电视，以及玩电脑游戏、上网等活动存在的问题是它们不会像无屏幕的活动那样形成那么多记忆。当然也有例外，如那些精彩到让你毕生难忘的电视节目。我认为观看电视剧《火线》（*The Wire*）给我带来了大量记忆，但我也承认看完全部五季《火线》总需花费的 45 个小时的时间如果拿来做其他更有活力的事情，可能会产生更多记忆。马特是一位重度电脑游戏玩

275 家，每天从早上玩到深夜，但他表示自己并不记得整个游戏的内容。当他在游戏中虚拟的长廊等待来自世界各地的其他 12 名玩家进行接下来的射击游戏时，等待的时间过得很慢，但一旦游戏开始，他便以极高的专注力投入到游戏中，这段过程的时间过得飞快。这也正是研究人员在魁北克城的一家电玩中心对游戏玩家进行研究时所发现的。[123] 在游戏结束后，人们都低估了游戏持续的时间。但关于记忆，马特表示自己只记得游戏的高潮（连续杀死多人）和低谷（自己被人杀死）以及游戏角色学习到的新技能（得到一把威力极强可以打穿墙壁的枪）。

我并不是说你应该再也别看电视、玩游戏或一个周末什么也不干。但如果你真的想要遏制时间加快的脚步，答案是设计出一个充满活力的时间表，而且只有在你知道某个电视节目会给你带来深刻记忆的情况下才去看它们。当你掌握了这个知识，你可以决定什么对自己更重要。你可能会选择花更少的时间在屏幕前，而花更多时间在那些值得记忆的活动上。这会产生大量记忆，并让你认为这段过程花了很长时间，时间会放慢脚步。但你也许并不想尝试那么多新的活动。也许年纪增长的好处之一就是你能够决定去做自己最喜欢的事情而不是寻求新的体验。如果你讨厌自己曾经做过的任何水上运动，何必还去学习冲浪？如果离家 2 分钟的地方有一家你很喜欢的餐厅，为什么还要不停地寻找新的餐厅？选择的主动权在你自己。一旦 276 知道为何你会感觉时间变快，这可能就没你想象的那么重要了。或者你认定既然感觉时间过得很快是生活忙并快乐着的表现，那么实际也没有必要牺牲休息或看电视节目的时间了。就如小普林尼①在公元 105 年写下的：“过得越快乐，时间看起来

① Pliny the Younger，61－113，罗马帝国日期的律师、作家、议员，他的很多信件流传下来，被当作历史研究资料。——译注

就越短。”

问题二：让时间走得更快

时间能对我们产生巨大的影响，我们害怕并厌恶浪费时间。我在电台做节目的那段时间里没有什么个人空闲时间。有时我会很快写完播音稿，但在等待去播音室的过程中会有一个小时无所事事，这会让我产生深深的忧虑，于是我经常在邮件中给自己安排额外的工作，或随身带着一本书，以防宝贵的时间被浪费。

关于我们为何形成并认可排队文化的原因中有一条，即我们可以确定自己等待的时间不会超出合理的范围外。在很多文化中，排队被认为是一种民主的体现，人们不分三六九等地全部排成一列（坐飞机时商务舱的乘客会得到一些优先，这当然是例外）。心理学家巴里·施瓦茨（Barry Schwartz）对排队的现象有过研究，他认为我们在排队时讨厌别人插队是因为我们首先遏制了自己插队的欲望，于是认为其他人也应该都做到这一点。我们认为所有人都应该将自己从罪恶的灵魂中拯救出来。[124]

我们对等待时间的判断总比实际要长，因为我们喜欢前瞻性的思考。然而如果你正在忙于手头工作的过程中，有人请你休息 10 分钟什么也不干（排队时正是如此），你很可能高兴地接受。但排队时的等待是强制性的，我们很少将此当作奖励的休息时间。排队时内心的期待、排队的体验和不同文化的差异都会影响到对排队的容忍度。作家伊娃·霍夫曼（Eva Hoffman）年轻时生活在共产党执政的波兰，她说在当时波兰的生活节奏很慢，人们都没什么好着急的，排队并不是一个问题。但当她移居美国，并在1989年重返东欧后，她发现排队是难以忍受的。[125]

有时我们需要找到办法让时间过得更快一些，例如在邮局排队这种小事，或是像阿兰·约翰斯顿那样形势严峻的环境中。约翰斯顿告诉我，当他向他人讲述自己的经历时（出人意料的是，这种情况很少发生，因为他害怕讲述自己的故事会使人们感到无聊），最难向人们表达清楚的感受是被关在加沙小屋中的无数个难熬的时间的重量。他这样向人们描述那种时间带来的沉重。在一个房间中间放一把白色的塑料椅子。然后在椅子上坐3个小时。然后再坐6个小时。然后再坐3个小时。然后在去睡觉前还要再坐4个小时。如果你真的准备进行尝试，你要知道你的体验和约翰斯顿的体验还存在一个巨大的区别：你知道自己可以随时放弃，但约翰斯顿没有这个选择。他知道第二天的生活将会完全一样，下个星期、下下个星期、也许今后的好几年都会如此。

对约翰斯顿来说，很明显的是，为了应付每天清醒的18个小时，他必须形成自己对时间的感知。

“在大约11天后，进入了被俘者精神严重打击期。你认为这段时间是无意义的，你无法坚持。而这些都不会发生。后来有的时候你会想：天哪，我就是加沙的布莱恩·基南（Brian Keenan，爱尔兰作家，1986年4月11日至1990年8月24日在黎巴嫩贝鲁特被劫为人质）！我记得第11个夜晚。我刚刚洗完澡。我坐在椅子上想，我已经进入了一个更坚定的心理状态。我想，这将是一段漫长的考验。我可能要在这里待上3年。总体上我是一个相当悲观的人，如果我预计到了最坏的情况，那么实际发生的情况就会显得轻松一些。于是我决定准备接受 3 年的囚禁，如果能在 3 年内被释放，对我来说就等于中了大奖。”

很明显，约翰斯顿采取了一种通过两种时间框架来思考人生的策略。一方面他做好了被囚禁 3 年的最坏打算，另一方面在被囚禁的日子里每天他都告诉自己这可能随时结束。“每个傍晚，当穆斯林祷告的钟声响起，我都会对自己大声说，今天还不是你的日子，但明天可能是！”

在 2007 年 7 月 4 日，被关押了将近 4 个月后，绑架约翰斯顿的伊斯兰武装人员将他移交给哈马斯官员。约翰斯顿的苦难结束了，不久他就能回到家重获自由。当他开始踏上重返苏格兰的旅程时，他就意识到自己体验时间的方式发生了某种变化。

“在从以色列回家的飞机上，有一名乘客带着她的狗通过了安检进入机舱，那位女士坐在机舱内并抱着一只吉娃娃。机乘人员后来发现了这只狗，并将它移出机舱，这个插曲导致航班起飞时间延误了一个小时。每名乘客都对此感到十分气恼，而我却感到有些奇怪。我无法理解为什么他们无法忍受区区一小时的等待呢？然而回到伦敦 6 周后，我记得有一次在车站等巴士，等了很久一辆车也没来，我生气地咒骂了几句。回来这么短的时间，以前不耐烦的脾气又回来了。我原本希望能避免这些。在我的父母经历了这一切，以及 BBC 电视台碰上的各种麻烦之后，我想从这段经历中得到一些有用的东西。当绑匪将我释放时，那感觉就像是在太空漫步一样。一切看起来都无比美好。如果现在能够把握当时那种对自由的珍惜程度的百分之一也好，但我发现那种感觉很快就消失了。”

当我采访约翰斯顿时，他正在等着收听天气预报，想确认暴雪是否会影响他回到苏格兰过圣诞节。预报的天气情况并不乐观，但从他的反应可以看出尽管他自称回家后又变得没有耐心，仍可以感觉到被囚禁的经历在他身上产生了一些持续的影响。他说："就算我不能回苏格兰过圣诞节，那也不是世界末日。"他还补充道："在被囚禁的那段日子，我宁愿在伦敦过一个被工作塞得满满当当而无法回家的圣诞节，或者在飞机上等着工作人员带走那只吉娃娃。"

幸运的是，大多数人都没有约翰斯顿那样恐怖的经历，但他的经历也可以说明人对时间的体验是很有弹性的。如果约翰斯顿能够让在囚禁中的时间过得快一些，那么其他人也可能找到办法让那些不重要的场合的时间过得更快，如一次漫长的飞行。要做到这点，你需要避免已知的所有使时间显得漫长的因素，当然大多数人都会这么做。他们会找个舒服的地方坐下，开始做一件很耗时间同时也是很被研究人员鄙视的事——看电视。但看电视确实能很有效地消磨时间，因为任何吸引你的注意力或将你的注意力从时间转移到其他地方的事情都能使时间看起来过得更快。因此，你也应该避免不停地看表。

然而有时候需要消磨大把的时间，但却没有这些分散注意力的条件怎么办？假如你坐在一辆出了故障的火车上，没有书读，没有手机没信号，也没有人交谈。在这种情况下，你需要做的完全相反：将注意力从周围的事物中移开并不会有效果，那么你应该干脆把注意力集中在这些事上。这时需要再次采取正念的方法。一个个地观察车厢中的每个事物，留意所有不同的材质：光滑闪亮的扶手、绒毛座椅、车厢地板上带有小突起的金属板。然后你还可以注意到周围的气味、声音和画面。如果你能将这个过程当作一次10分钟不受干扰的正念训练，那么你的心情就会平和一些。你越是专注于周围的事物，时间走得越快。

问题三：事情太多，时间太少

汽车的发明并没有减少我们在路上的时间，因为我们会进行更远的旅行；社交网络并没有减少我们与朋友相处的时间，相反我们联系的朋友更多更频繁。当我学习编辑电台节目时，使用的工具还是刀片和白色胶带。我们会坐着花很长时间去编辑长长的需要缠在脖子上的录音带。有时我们会意外剪伤手指，后来也慢慢习惯了在录音带掉在地上后，耐心地整理地板上像面条一样缠在一起的录音带，寻找最好的部分。毫无疑问，当时使用的方法更加费时，但现在的数码编辑让剪辑工作的速度变得更快，却也让我们更加挑剔，例如我们会在剪辑时强迫自己剪掉所有的“嗯”“啊”这种声音，并且尝试更多种播放顺序的组合。这带来的结果是，编辑一期节目需要花掉的时间是一样的。

281

尽管科技的进步提高了人们的工作效率，但很多人仍然感觉每天的时间不够用，有人希望如果每天能多出几个小时，生活就会轻松多了。有证据表明，人处于匆忙状态下的时间长度会比年龄更使人产生时间流逝越来越快的感觉。在荷兰一项对1500人进行的网络研究中，心理学家威廉·弗里德曼（William Friedman）发现那些感觉自己每天有很长时间处于匆忙状态的人也认为时间过得非常快。[126]认为时间不够用的想法让我们注意到时间的流逝，让我们认为时间匆匆而过。

各种关于时间管理的研究都希望能够拯救人们于匆忙之

中，并承诺带来更高的生产力，向人们描绘一幅能节省很多时间以改变人生的美好愿景。随着工作效率的提高，我们会突然发现自己有时间学习一门新的语言、去健身、在早上自己做面包、晚上在家里经营一家小公司以及利用周末时间手工制作一份礼物给朋友带来惊喜。唯一的问题是，不管那些时间管理的技巧看起来多么高明，例如那些对电脑的使用进行精确到秒的分析的软件，精确安排时间进行任务提醒的电子闹钟，是否需要将工作进行紧急程度分类的建议，如何设定工作目标、评估工作的轻重缓急，甚至根据你身体的“自然节律”安排工作时间等，但罕有经证实的证据表明，采用这些手段能带来任何不同。

282

有人习惯在每个工作日的开始花一个小时做某项特定工作，然后再打开邮箱查收邮件。这给他们带来一种早早完成了一项实质性的工作的满足感，在那个总是会带来更多工作的举动（查收邮件）之前。有的人会用列表排出工作的优先次序，并帮助自己记忆，但这只有在你不花很多时间对列表进行颜色分类的情况下才能节省时间。有的人会记录“已完成”工作列表，会在发现自己一天做了多少工作后产生一种成就感。如果你在度假后回来上班时发现邮箱塞满了工作邮件，这里有一些技巧帮助你更有效地处理这种情况。首先你应该优先处理最新安排的工作，因为那些较早的工作在这么长时间后可能已经得到了解决；另外还有一个更加大胆的方法就是干脆把邮箱中的工作邮件全部删除，因为如果是一项确实很重要的工作，会有人来口头通知你或重新给你发一遍邮件的。

这些策略都只是可能对你有所帮助，但很难说对大多数人都有用。很多能高效利用时间的人士根本不需要采用任何特别的时间管理技巧。然而市面上各种眼花缭乱的时间管理建议表

283

明很多人确实需要得到帮助，来让他们在更短时间内完成更多工作。

这提醒了我，也许我们要说一个不同的问题：对认为自己没有时间的看法。很多工作者都声称自己没时间，但是否这并非因为人们没有空闲时间，而是因为人们低估了自己拥有的空闲时间数量呢？类似的情况是，研究者对人们的睡眠日志进行研究后发现，那些认为自己患有失眠症的人实际睡眠时间比自己所认为的稍长，而活动日志记录的信息则表明大多数人都很大程度上低估了自己的自由时间。在一项研究中，人们估测自己一周只有 20 小时空闲时间。但他们的日记却表明他们的空闲时间达到 40 个小时，一周 40 小时意味着你甚至有时间做第二份工作了，但问题是，不同时段的时间在工作效率上当然不是平等的，在疲惫的夜晚工作两个小时当然不如白天上班时间内的两个小时有效率。

即使承认我们实际拥有的空闲时间比自己预想的更多，但这并不能避免一个事实，就是有时一项工作的规定完成期限使它看上去是不可完成的任务。面临这种情况时，科学研究能提供什么办法让我们最有效地利用时间呢？同时进行多项任务是经常采用的一种方法。同时做所有工作更快还是一件件地进行工作更快？如果你现在能看到我的电脑屏幕，你会发现 4 个打开的 Word 文档，其中包括我正在这里写下的内容，还有 3 个 PDF 期刊论文、3 个电子邮箱账号、1 个社交网络账号和 4 个其他网站。这个部分原因是我写作时需要参考相关的信息来源，还因为我无法离开社交网络，尽管我知道这会让我分心。 284

看上去我并非个例，而且这种趋势正在蔓延。越年轻的人，越有可能在同一时间使用两种不同的媒体。傍晚刚刚降临时，会有 1/3 的人在同时使用两种媒体工具，例如边打电话边浏览网页，或边发短信边看电视。[127]理论上这更节省时间，例如一位英国内阁大臣曾坦承因工作压力太大，她通常会一边上厕所一边刷牙以节约出宝贵的几分钟。另外一个观点是单一时间观，即认为把一件事做完再做下一件更好。在一项持续了几十年的研究中，阿伦·布鲁顿不出预料地发现，多元性时间观或单一性时间观主要是与个人喜好有关。有的人更喜欢单一性时间观，完成一件事之后再进行下一件会令他们开心；有人更喜欢多元性时间观，并且似乎在同时做多项工作时表现得更好，并且在恰好有多任务处理要求的工作中表现得比其他人更好。[128]经营一家生意兴旺的咖啡馆就是一个很好的例子，尽管这并不一定意味着他们能更快地完成咖啡馆里的工作，而是咖啡馆的工作别无选择，只能不停地来回处理多项任务。但如果你在工作中有选择的余地，你需要注意“注意力残留”现象。当你从一项工作换到另一项工作时，实验表明你的大脑中有一部分注意力仍然留在上一个工作中。当你回到之前的工作时，你需要提醒自己正在做的事情是什么，同时还要应付第一次工作切换带来的分心。[129]尽管这会提高你的认知负荷，很多人仍然喜欢这样工作并且能很好地应对。只有在你感觉无法再集中注意力在任何一项工作上时，多元时间观才会带来困难。有人发现，用一个煮蛋定时器设定15～20分钟，然后决定集中精力做某项工作直到定时器响起，这种方法能帮助人集中注意力。这可能对你有用，而且这确实对我有用。但如果你反复使用这个方法，这意味着会使工作变得非常紧张，同样地，我们也很难找到故事以外的证据支持如此这般地工作是有益的。实际上，有关研究也并没有找到一个对所有人都适用的时间管理方案。

关于未来思考的研究发现，任务的截止期限会对时间体验带来奇怪的影响。与之类似的情况就像是当你手中拿着的行李箱越重，前面的大楼看起来就越远。心理学家加布里埃拉·吉加-博伊（Gabriela Jiga-Boy）发现，一项工作的任务量越重，这项工作看起来就越遥远。[130]但这只在这项工作没有具体截止日期的情况下才成立。当工作有一个明确的截止日期时，一切都变了，它让这个工作看上去更近。因此如果你正在找一处新的住所，实际搬家的那天总是看起来很遥远，因为你知道搬家前还有很多事情要做。但如果你定下了一个明确的截止日期，例如要在孩子出生前搬进新家，这个日期看起来就近多了。

截止日期会对大脑产生奇怪的影响，它甚至可以减弱因在不同工作间转换而造成的注意力残留问题。当你正在进行一项面临截止日期的工作时，你会被迫缩小选择范围，并选择在思维上较为简单的方法。这样更简单的思考方式可以减弱该任务完成后在脑海中的残留效应，使你在完成该任务后便将其抛之脑后，集中精力做下一个任务。因此，一项任务截止日期的临近不仅会使人更加集中精力在该任务上，也能使人在该任务完成后更轻松地清除注意力残留，集中精力于下一个工作的截止日期上。

286

如果尝试了给工作加上截止日期，以及比较了单一性时间观和多元性时间观的优劣之后，你仍感觉自己的工作太多，时间太少，那么你还有一个选择——要么主动减少自己承担的工作任务量，要么接受自己确实很忙并且将在未来很长时间内继续保持忙碌状态的这一现实。我们总是喜欢欺骗自己，以为如果熬过这一周或这个月，后面的日子就会好过多了。如果你在完成这个项目后不再有新的项目，这可能说得过去，但实际经验常常告诉我们并非如此。永远渴望着在未来事情都安排得井井有条，是造成人们不幸福的根源。你可能无法实现想象中充满秩序的轻松愉快的未来。不可预期的事件会不断降临在你的家人身上，电脑总是会出问题，家里也总会有什么东西突然坏掉需要修理。就算你真的得到了一直渴望的不受干扰的休息时间，这可能也不会令你更加幸福。在一项对移居至法国西南部的英国移民的研究发现，当人们完成了房子里的工作后，他们的开心程度反而降低，因为接下来他们便无事可做了。他们现在住在别墅或城堡里，这曾是他们梦寐以求并拼命工作才得以实现的生活，但这种日子里的时间却过得很慢。也许在一个景色完美的露台上享用一杯红葡萄酒的乐趣也不过如此。研究人员表示，如果你准备移居海外一个阳光明媚的地方，有一条经验是：永远不要完成你房子里的所有工作。因此，除非你觉得事情多到无法承受，否则最好的方案是使自己与时间达成某种妥协，接受时间表被排得满满当当的现状而且会一直如此的现实。同时还要想想这种生活的好处：充实的时间表会形成大量的记忆，让你在以后有足够的东西可以回味，减弱时间流逝很快的感觉。

287

也许你觉得自己确实需要更多空闲时间，在这种情况下，我推荐津巴多给出的一条建议：你要把时间看作一个礼物，然后考虑应该把这个礼物送给谁。如果你的时间很紧张，可以优先选择把时间送给两种人——那些与你在一起可以获得最大益处的人和那些你最想见到的人。另外，你还要学会拒绝一些邀请。我个人很喜欢电视剧《老友记》（*Friends*）某一集里的情节——面对对方提出需要帮忙搬家的请求，菲比直截了当地说：“我很乐意帮忙，但不好意思我并不想帮你。”这也许显得并不大方，但至少很坦诚。

如果你决定在日记中整理出更多时间，有一个因素需要考虑。牛津大学临床心理学家马克·威廉姆斯（Mark Williams）

对正念在心理学上的好处进行了研究，他发现当人们感觉有很大压力，好像要被繁忙的生活压垮时，他们往往会放弃某个最能提高自己生活质量的活动。原因很简单，他们不能放弃照顾家庭以及工作，但可以退出合唱团、停止锻炼或晚上的美术课。从事这些生活必须以外的活动看起来很难从时间角度判断是否合理，但事实上有研究发现这些活动能减少压力并提升人的幸福感。

288 关于此问题还有最后一点。现在人们经常谈论工作与生活的平衡以及 24 小时日程安排，需要记住的是，时间的压力并非在近代才出现。尼采在 1887 年做出的描述便与现在很多人的感受类似，他说："思考若是以手里的码表来计时，就如同用午餐时两眼紧盯着报纸上的股票金融方面的新闻一样。"在对过去 50 年里 5 种不同时间的研究方法进行汇总后发现，现在美国男性平均每周的空闲时间比 50 年前要多 6～9 个小时。2010 年的美国人时间使用调查显示，美国男性平均每天有 5 小时 48 分钟的空闲时间，而女性的空闲时间稍少（这很有趣），为 5 小时 6 分钟。这项调查还发现，如果人们发现自己的空闲时间增加（也许是他们找到了一种更高效的工作方法或是他们的工作量减小），那么他们会将这些一直渴望的空闲时间主要用来做一件事——看电视。政治学家罗伯特·普特南（Robert Putnam）认为，如果人们在空暇时间里用来看电视的时间越长，说明他们对社会的信任感和群体归属感就越低。如果普特南的观点是正确的，那么是否可以做出一个有反直觉的判断，即人们更多的空闲时间会带来更低的社会参与度呢？[131]

问题四：失败的计划

289 有的时候，不管你多么合理地规划时间，如何减少工作量，甚至自己决定工作的完成期限，你仍然无法按时将其完成。这是“计划谬误”造成的，这意味着你设下的完成时间目标从来都是不现实的。“计划谬误”是指认为完成一项工作将要耗费的时间少于实际完成工作所需时间的一种倾向。如果你发现自己确实也有这种倾向，你能找到办法将其避免。将这些发现与该领域的研究相结合，能找出如何为某项任务制订出一个切实可行的时间规划方案的办法。首先要列出完成该任务需要的各项重要步骤并估算出每个步骤大概需要花费的时间；然后回顾过去的经历，寻找以前做过的类似任务与此任务的相同与不同之处，如果过去的任务花了较长时间，这次也应加上一定的时间；再加上一些时间以应对你记忆中可能影响任务进度的任何干扰因素；最后再加上一些时间（几小时或几天，根据项目的总时间而定）以便应对那些不测事件。然后查看自己的日记，你能精确算出每天能花多少时间进行这个项目，但需要记住的是，你在未来的空闲时间并不会比上周多。只有完成以上这些，你才能得出一个实际可行的截止日期。以上最困难的部分是，要抵制那种认为未来会有更多空闲时间的乐观情绪的诱惑。甚至在下周某个晚上请朋友到家里来为他们下厨的想法从时间上看都比在今晚进行要更加轻松。为了完成最终确认，既然有研究表明其他人能对我们的时间进行更准确的判断，那么我们可以向若干个朋友描述自己的项目，让他们猜想这会花多长时间。我们越能成熟地掌握设置时间截止期限的技巧，就能越少地面对与时间赛跑的情况，我们也因此不会再因为给自己施加过多的工作量并担心如果自己无法赶上进度而使其他人失望了。

关于我们做计划的行为，对人们未来思考方式的研究有一条主要发现，即人们往往有倾向地忽略那些迫近事件的非必要特征。[290] 同样也有一个简单的方法能解决这个问题。如果你认为自己就是那些工作太多的人（可能这个方法不适合你，我并不是说每个人都应该拒绝所有请求），在你承诺进行某项年内晚些时候进行的任务前，想象若此任务发生的时间是下个星期会怎样。如果你认为，在下周开始这项任务是不可能的，然后你应该问自己需要做些什么才能保证在 6 个月后有空闲时间完成这项工作，需要再次牢记的是，在将来你也很难拥有更充裕的自由时间。通过想象此任务发生在下周的情况，你将更有可能考虑整个事情实际的可行性，而不仅仅是任务本身的主要特点。

有意识地在大脑中提前做出详尽的计划甚至能使人平静。那些生活最快乐的人往往会在未来的计划中详细列出大量步骤，甚至在例如去超市购物这种小事上也如此。他们似乎能在大脑中描绘出未来旅行的每一个细节。

本书关注的重点是我们作为个体体验时间的方式，以及这会如何改变我们的生活。但同样的原理也可以应用到更广的方面。本书中提到的理论有很多都被用来作为公共政策的决策依据。为了避免投资计划出现大量费用超支的结果，采购工作的一部分包括了请第三方机构分析造成过去项目延期的因素，评估过去的项目与当前项目的相似性，并预测当前项目的完成日期。这个评估机构必须是完全中立的，并不参与招标过程。这个手段能够将公司对完成时间做出过分乐观估计的倾向最小[291]

化。看上去请咨询公司完成这个工作是不必要的开销，但当那些证实我们无法自己做出正确判断的证据浮现，就能节省数百万乃至上亿的资金。

对于个人而言，如果你经常做好了计划却忘记付诸实践，那么关于未来思考的研究能提供一个简单但非常有效的办法帮你记得完成计划任务。那就是要在脑中想象自己执行这些任务的画面以及具体每个步骤的细节。如果你需要在上班路上寄一封信，并在下班路上买一些清洁剂，你就应该想象自己找到那个特定的邮筒，将要寄出的那封信投入邮箱内。这只需要你在将信装入包中时花几秒钟进行想象就行了。然后决定你准备在哪儿买清洁剂，这时你可以想象自己找到对应的货架，选择一个品牌，将它拿起然后排队付款的画面。这个方法比仅仅在脑海中默念“寄信”和“买清洁剂”要有效得多。也许这不会每次都管用，但这个方法的有效率还是会高得令你吃惊。

这个技巧同样能帮助你坚持执行任何定下的目标。若你不仅仅是做出计划，而是想象自己具体执行计划的画面，你将有更大可能坚持下去。研究人员发现这甚至在倡导人们多吃水果上都管用。一项实验给学生们设定了在未来的 7 天内吃一些额外数量的香蕉和苹果的任务，一组学生被要求想象自己在什么地方买水果，准备用什么方法吃掉它们的画面，结果发现这组学生吃掉的水果数量是只设定了吃水果目标的另外一组学生的两倍。成功运用想象帮助自己达成目标的关键是要想象执行任务的过程而非任务的结果。想象自己高举奖杯的画面并不能帮助你赢得温布尔顿网球公开赛的冠军，但想象你应该如何打出一个完美击球的画面也许能。

从阿兰·约翰斯顿在加沙被囚禁以及维克托·弗兰克尔被关押在纳粹集中营的经历中可以清楚地看到，想象能够在最危急的情况下给人慰藉。让我吃惊的是，约翰斯顿和弗兰克尔二人在绝境中都积极地对自己生命的一个要素保持着完全掌控，没有使之落入囚禁者之手，那就是他们的思想状态。他们都坚决使用自己的思想作为应对绝境的方式。1945 年弗兰克尔出版了自己在集中营期间的回忆录《活出生命的意义》（*Man's Search for Meaning*），该书出版仅仅 9 天后，就在全世界卖出了 900 万本。这个数字甚至让弗兰克尔本人都感到一丝费解。在出版前一刻弗兰克还在犹豫是否应该匿名出版此书，同时他并不认为在自己所有出版的数十本著作中，是这一本会令他声名显赫。弗兰克尔执着地要对自己的思想保持控制引申出了一种叫作言语疗法（logotherapy）的谈话心理治疗手段。弗兰克尔解释道，如果一个正在体验着大屠杀的恐惧的人能够找到方法控制自己的思想，那么普通人在日常生活中也能。[132] 弗兰克尔写道："在外界刺激与自身反应之间存在间隔，我们的应变能力便产生于这间隔之中。我们的应变之道展现我们的成长和自由。"

在集中营被关押期间，弗兰克尔通过将自己的思想置于未来而主动逃离了当下的恐惧。有一种痛苦在他看来是最难以忍受的。尽管生活在长期寒冷的环境，意识到自己要被慢慢饿死，并生活在对死亡的持续恐惧中，但最令他感到害怕的是时间。他发现不知道自己将在集中营中被关多久才是最难以忍受的。缺乏未来的时间概念是"所有因素中最令人沮丧的"。从被送进集中营那刻起，他们便开始说自己已经没有了未来。有些人干脆闭上眼睛永远沉浸在过去的回忆中，但弗兰克尔坚信活下去的唯一方法就是做出计划，无论如何都要找到目标，不管多么渺小，这给他带来了未来的表象。他最低落的时刻之一，是有一次忍受着脚上的疼痛在寒风中跋涉，他强迫自己想象自己是在一个温暖的大厅里进行一场关于集中营的心理学演讲。这个想象让他坚持完成了行走。他通过控制自己的思想得以生存。

问题五：差劲的记忆

记忆随着时间褪色是不可避免的，对那些有着与弗兰克尔类似的创伤性记忆的人来说，这有时是好事。但也是记忆的这种可变性让我们拥有了强大的想象力，因此如果我们有时忘掉了一些积极的记忆，也不用太自责。然而有些情况下，我们也希望自己能拥有更好的记忆力，关于时间感知的心理学研究也确实为我们提供了提高事件记忆以及正确判断事件日期的方法。记忆日期的能力相对比较容易得到提高。通过分析人们对自己日记内容的测试中出现的错误，我设计出了一个分为三部分的系统以更加准确地判断某事件的日期，该系统对从判断例如一个坏掉的水壶是否还在保修期内，或上次拜访一位朋友是什么时候这样的小事，到检索过去的某项工作或在法庭上给出一段可靠的证言这样严肃的事情，都能起到作用。

首先要做一个大概的判断，例如估计这件事发生在几周、几个月还是几年前，接下来试着猜想确切日期。这比猜测时间的区间更加精确。然后就要计算最后的结果，可以在上一步的基础上根据下面的规则增加或减少几天、几个月或几年的时间：对于发生在两个月前的个人事件，要再加上一些时间，如果你认为上次去法国是在 6 个月前，实际可能是 7 个月；如果你认为是 8 年前的事实际上可能是在 9 年前发生的。但如果是发生在最近两个月内的事，实际发生的时间很可能比你所认为的离现在更近，这就是反向时间折叠效应。因此，如果你认为一件事发生在 10 天前，减掉 1 天，算出 9 天更有可能接近正确答案。

而对于公共新闻事件，规则稍有不同。需要记住的关键数字是 1000 天或 3 年。如果你认为一件事情发生在 3 年前，你的判断很有可能是正确的，应予以坚持。而如果你确定一件事发生在过去 3 年内，则在你原始的判断的基础上减去 1～2 个月可能会得到更准确的结果。如果事件发生距今的时间长于 3 年，如你判断某件事发生在数十年前，则应在此判断的基础上减去 2～3 年作为对时间折叠效应的补偿。

你同样可以寻找时间标签，即将个人事件绑定在新闻事件上帮助自己记忆。我们知道那些最擅长判断事件日期的人往往能将这些事件与个人经历联系起来。因此，为了算出戴安娜王妃去世的时间，可以回想当你听到这个消息时在哪里，或回忆葬礼举行的时间，你当时住在哪儿？在什么地方工作？然后关注任何可能带来其他线索的细节。人们前往肯辛顿花园送上鲜花时的天气如何？傍晚时分天空还很亮吗？那是在夏天还是冬天？你可能会本能地进行上面的一些思考，当你越是有意地留意细节，你越有可能得到正确答案。和你想的一样，生命中最重要的事件会帮自己捆绑住记忆，因此你会判断某件事是发生在你的孩子出生前还是出生后，或是在你搬家前还是搬家后。

还有一个更普遍的问题就是有时人们会把有的事完全忘了。你越频繁地谈论起自己的自传式记忆，你日后回忆起的可能性就越大，但这并不表示你的记忆都是准确的。每次当你讲述自己的故事时，你都会强化早期的记忆差错。但提高回忆准确率的办法确实是存在的。回想前面提到的约翰·格罗杰进行的研究，他向超过 1000 名司机进行了询问，请他们回忆过去曾经遭遇的交通事故，不管多么轻微都算。当人们被要求从过去向现在回忆时，而要他们回忆起的事故数量比通过反方向回忆得出的结果更多。而如果他们被要求从过去的某个特定日期开始回忆，得出的事故数量也比要求在某个固定区间（例如去年）内搜寻记忆得出的结果更多。这是任何人都可以运用的策略。如果一份工作应聘表格要求你列出一次在工作中遭遇特殊挑战的情况，要在回忆中找到相应的经历是很困难的，因为你的记忆并不以这种方式分类。但这里的研究成果还是可以应用到实际中。不要从最近开始向过去回忆，而要从你的第一份与此次应聘相关的工作开始回忆，回想在那份工作的前几个月里是否遇到了任何挑战，然后来到你对工作更加充满自信的时期，这时你可能就会想起自己做过的一些具有挑战性的项目了。按这样的方法依次回忆往后的每一份工作，这样更有可能比从现在开始向过去回忆能找到更多符合的例子。如果你能顺利进入面试环节并碰到了类似的问题，你可以采用同样的方法，但当然反应要更快。

最后的一个技巧是，在记忆搜寻的开始，你可以选择在一个比要求更大的时间范围的记忆中回想。如果你在办理出国签证时被问到过去 3 年中出了几次国，可以先把范围扩大到过去 5 年，然后再缩小到 3 年内。这样可以避免时间折叠效应带来的一个问题，即把超过要求时间范围外的事件也列入该时间段发生的事件中。

而对于政府的政策制定者来说，面临一个更广泛的问题。政府通常为了制定政策会向公众进行调查以收集信息，而这些调查中如果考虑时间折叠效应的作用，会提高公众调查结果的准确性。例如，如果有调查询问人们在过去 3 年中去了几次当地的游泳池，有很重要的一点需要了解的是，关于时间的心理学可能会影响人们回忆的精确性。因此调查应首先询问一个更大的时间范围，再将此时间范围缩小，并且应让人们从过去某个特定的日期开始，逐步向现在回忆。这样会得到更精确的调查结果，并将时间折叠效应对调查结果可靠性的影响最小化。这对政府获得民众使用公共资源频率的精确评估是必要的。

问题六：对未来担心太多

幻想是美妙的，在未来里遨游可能是大脑在空闲时的默认工作状态。但如果幻想变成了对未来强迫性的担忧，感觉就不令人愉快了，并且过度的反思可能造成严重后果。思考未来时，我们会将过去的记忆组合，创造出一个有较高可信度的未来画面，但有时这种可信度好像会消失，我们开始产生毁灭性的念头，并只考虑最坏的情况。有很多方法能管理过度的担心。一个来自认知行为心理疗法的经典的策略包括先有意地想象担心中最坏的情况，然后再想象可能发生的最好情况。那么实际发生的情况可能介于两者之间。举例来说，如果你害怕告诉上司自己在工作中犯了一个严重的错误，最坏的情况是老板当着所有人的面向你怒吼，并将你炒掉；最好的情况是老板认为这个错误没什么，并很高兴你来找他，因为他正准备告诉你加薪的消息。实际上最有可能发生的情况在两者之间，但想象两种最极端的情况能够帮助你想出切实的结果，让你减少担心。

埃德·科克霍夫（Ad Kerkhof）是一位荷兰临床心理学家，在预防自杀领域已经有 30 年的研究。他发现，人们在实施自杀计划前，通常都会经历一段对未来进行极度沉思的时期。有时人们称，这种强迫性的想法会变得极有压倒性，以致他们认为只有死亡是唯一的出路。科克霍夫就此研究出一些方法帮助具有自杀倾向的人们减少这种沉思的强度，并且这些方法现在已被用于缓解普通人日常生活中的焦虑。他发现人们最担忧的一个问题是未来，普遍认为自己花越多时间思考未来，就越有可能找到解决未来问题的办法。但事实并非如此。他提出的技巧来自认知行为治疗，它听上去可能十分简单直接，但这都是有实验支持的。[133] 我很欣赏他并没有对这些方法的效果进行大肆宣扬。他很坦诚地告诉我，那些认为他的方法能一劳永逸地消除自己所有担心的人会失望，但如果一个人仅仅希望减少自己花在焦虑上的时间，这则是可以实现的。

299 如果你经常在夜晚因为担心而睡不着，各种不好的念头在脑中挥之不去，科克霍夫提出了一些策略供你尝试。想象在这里又会起到作用。想象在你的床下面放着一个盒子，这就是你的焦虑盒子。只要你发现脑子里有担心的念头，就把这个念头从脑子里拿出来，放进这个盒子里然后关上盖子。这些焦虑的想法就被关在床底下的盒子里，除非你想再将它们从盒子里拿出来。如果焦虑再次出现，提醒自己它们还被关在盒子里，并不需要处理。另外一种方法是先选择一个颜色，并想象一团这个颜色的云。接着将你的担心和焦虑放进这团云里，让它在你的头顶来回漂浮。然后看着这团云慢慢升高，最后带着你的焦虑离你而去。

这初听来也许像是精神病人的胡言乱语，但科克霍夫找到了很多经验、证据证明这个方法对有些人确实有效。这样的想象并不适合每个人，但科克霍夫还有另外一个适合大多数人的技巧。这就是留出专门的时间用来担心。你的担心是与现实生活中的实际困难有关的，你不可能同时摆脱所有的问题，但你可以在面对这些问题时学会有控制地思考。有一个著名的关于陀思妥耶夫斯基的故事，他曾要求他的兄弟不要去想一只白熊，但我们从关于思维抑制的实验中了解到，当你得到不去想白熊的指令后，你的脑子里除了白熊就不会想别的了。我以前有次在一档电视谈话节目《理查德与茱蒂》(Richard & Judy)中担任嘉宾时也体会到这一点。由于这个节目是由施瓦茨调味料公司赞助的，而节目严格的赞助商制度又规定在节目录制期间不得提起这个品牌调味料的名称，因此每一个参加节目的嘉宾在节目开始前都被要求签字承诺自己不会在节目过程中提起那个品牌的调味料的名字。但结果是，尽管你努力提醒自己不要提起这个品牌的名字，但你脑子里想的却全是这个品牌。与此类似，告诉他人不要想他们担心的事是没有用的。相反，科克霍夫建议人们反其道而行之，在早上和晚上各留 15 分钟用来担心未来，除此之外什么也不干。你可以在桌子前坐下，列出自己所有的问题进行思考。但一旦 15 分钟时间到，你就必须停止担心，而且在接下来的时间内无论何时脑子里再次冒出担忧的念头，都要提醒自己在下次担心时间前，不能去想这些问题。这样你就让自己能够将担忧推迟到下一个担心时间。引人注意的是，这方法确实有效，它能让你掌控自己的思想。

300

问题七：努力活在当下

早在 1890 年，威廉·詹姆斯就曾对如何活在当下进行过沉思。“让任何一个人进行尝试，我不是说要使其停止，而是留心或注意到当前时间的流逝，将会出现最令人沮丧的事情之一。这个‘当前’在哪里？它在我们的掌心间融化，在我们能触摸到它之前就溜走，在它成为当下的那一刻，它就已经消失了。”[134]

人们可能都谈论过对活在当下的渴望，思想不停地在过去和未来间来回跳跃。但我们是否希望自己像前面提到的因一部分大脑海马体被银管吸出后的 H. M. 那样，对时间的感知完全被束缚在当下？可以确定的是，通过例如正念或冥想这样的方法，我们可以提高对周围环境的注意力，也可以获得幸福感的提升等好处，我还将在本章后面更加详细地说明。但我们对活在当下的渴望程度应该存在一个合理的上限。当听到 H. M. 的故事后，很多人都为他感到难过，住在一个疗养院，无法形成新的记忆，浑然不觉自己是神经科学界最有名的病人。他已被宣判要永远活在当下，然而其他人认为自己应该在这方面做得更多。年龄很小的婴儿对此十分擅长。他们拥有学习的能力，但却并没有长期记忆，对第二天将发生什么也一无所知，更不用说下个月。这样的结果使他们无法完全掌控自己的生活，也不能决定如何支配自己的时间。他们无法做出计划，无法展望下个星期，甚至无法回忆起早期的经历。

301

随着我们长大，大脑得到发育，进入未来的时间旅行看上去变成了大脑漫游时的默认状态。与其渴望更加活在当下，也许我们本不该抵御未来的诱惑。研究发现，伴随展望未来而产生的情感比回忆过去的情感要更为强烈，因此如果要提高幸福感，也许我们应该更少沉浸在对过去的回忆中，应更多展望美好的未来。

302

但如果你确信自己已经花了大量时间用来思考过去与未来呢？威廉·詹姆斯提出的当下的时间会经常消失不见的观点很正确，但也有方法能让你的大脑停止在过去与未来间徘徊。“心流”是心理学家米哈里·契斯赞特米哈伊（Mihaly Csikszentmihalyi）提出的一种特殊的心理状态。它是指人相当入迷地投入到一项任务中，以至于脑子里不会想其他任何事，并且很快忘记自己已沉浸其中多长时间。这与单纯的忙碌不同。你大脑的注意力完全在手上的几种任务中，不会回到过去或进入未来。如果你能找到那项让你进入“心流”状态的活动，它意味着你能有办法放慢时间的脚步且不会觉得无聊。这项活动可能是演奏音乐、跑步或做园艺。你也许已经知道，什么事情会让你进入这种状态。对我来说，这个活动是绘画。旅途中我会经常带着一个小素描本，在任何允许的时候我都会画画。我会很快就完全投入到绘画以及我所画的风景中。也许这是我感觉最平静的时刻。你会失去所有的自我意识并且完全沉浸到这项活动过程本身中去，而非其结果。契斯赞特米哈伊给出了诱发“心流”状态的几个必备要素。这项活动不能简单到不需要思考，也不能困难到令人担心事情的结果。这项活动应该有明确的目标，只有目标才能让人产生自我控制的感觉。[135]

菲利普·津巴多曾做过一个实验，巧合的是，这个实验也与绘画有关。实验中，参与者们被要求画出一篮花。其中一半被告知他们的作品完成后将由专业的美术系毕业生进行评分；而另外一半则只用专注于创作过程，无须担心最后的结果。当这些美术系毕业生评判完参与者们的作品后，他们对第二组的评价更高，尽管第二组的参与者并没有专注于创作的结果。[136]这说明这种心理状态不仅让你关注当下，也有利于提高你的创造力。

然而，“心流”的概念却会带来一个矛盾：当你处在“心流”状态中，时间好像会消失。几个小时的流逝都不会引起你的注意，因此如果你的困扰是时间过得太快，你也许不会想花时间全心投入在某件事情中。而另一方面有证据表明，“心流”

能提升人的幸福感，因此也许需要再次强调的是，时间感知的快慢可能并不如我们想象中的那么重要。

在度假时，人往往会有意识地努力活在当下。我们需要通过几个月努力的工作才能为假期攒够时间和金钱，暂时逃离每天从家到办公室的一成不变的生活，因此希望最大化地享受这段假期。但你是否经常在假日随意漫步时，想象度假胜地该有多么美好，以及你将如何度过这段时光？那么要记得你已经在度假了，应该抓紧现在的时间享受这一切。有一次在西班牙度假时，我打算调查我自己能花多长时间真正地享受眼下的时光和美景，而将关于过去和未来的念头放到一边。答案是：时间并不长，尽管我有意识地选择让自己沉浸在充满沉静与美丽的时光中。

下面是我的经历：我住在安达卢西亚省南部群山间一个小村庄外的一家漂亮的住宿带早餐的酒店内。那是一家简单但非常时髦的一处由旧农舍改建的酒店。酒店里有一个小无边泳池，人们可以饱览西班牙最壮丽的美景。从一个方向眺望，小小的白色村庄沿着山向上蔓延过悬崖边。在刷成白色的房子后面，崎岖陡峭的山脊被覆盖在紫色的阴影里，与海蓝色的天空相映成趣。我望向布满橄榄树与藤蔓植物的干燥、深绿色山谷，山谷后方是一列起伏的群山，山上布满了白色的风轮机，像堂吉诃德的风车那样迎着清风转动。群山的后面是地中海，海面上几乎察觉不到运动的油轮，它们看上去像一个个椭圆的小点，后方的直布罗陀巨岩好像哨兵一样矗立在狭窄的海峡旁。视线的远方，摩洛哥北部的山脉在烟雾中闪着微光，那里意味着另外一片大陆。

是的，我正在西班牙一个花园的小泳池里眺望非洲！朝下看，这令人震撼的美景都映衬在水面中；朝两旁看，有浇足水的草坪、橄榄树、欧椴树，以及有麻醉效果的橙色曼陀罗花。昆虫在鸣叫，鸟儿在舞蹈。

这是一个用于沉溺在拥有超量感官体验的现在的完美的地点。为何在这充满美妙体验的时刻我会观察或思考其他事呢？并不是我在此刻有任何担心或忧虑。生活已经足够美好，我需要做的仅仅是最大化地享受这一时刻。

305

因此，离开泳池，我便在日光浴床位上躺下，努力感受这美好的一切，充分体验它的美好，避免任何分心或陷入回忆与思考。然而仅仅过了几分钟，我便拿起了一本书。我选择了一本西班牙旅游指南，这样至少思绪不会离开太远，如果读一本小说，脑子可能就飞得更远了。我发现自己在书上读到的内容正是我身处之地，旅行指南的作者给出的描述证实了我当前的感受。但为什么我需要其他人告诉我自己当前的感受呢？他的描述能给我自己的感官体验增添什么？它也许能以某种方式证明我的幸福，我就在这里。然后，我不由自主地开始看书上介绍的附近其他美丽地方的内容，那个湖、那个峡谷、那个村庄、那个酒店——在此刻我还没有做好计划接下来去哪儿。很快，这躺在阳光下的时光已经成为过去，在我脑海里留下令人心醉的记忆，并将成为我回家后会常常深情提起的故事，同时还留下了珍贵的照片。“我们当时就住在这美丽的地方，那实在太美妙了！”与此同时，我已经开始做未来的计划。我正在思考午餐应该吃什么，以及午餐后我们是否应该走进那个村庄里看看。然后是晚餐，也许我们可以去路边的酒店吃饭，里面有一家著名的餐厅。这个预想是令人愉快的，但所有对现在的感知，以及当前所有的可能性，都消失了。

哲学家阿兰·德波顿（Alain de Botton）提出，不管旅行的经历多么丰富、多么令人愉快，但从某种程度上说，旅行正是被我们带着自己一起出行而毁掉了。我认为带上的不只是我们自己，也有我们的过去与未来。不管当前的体验多么快乐，306 我们都无法停止思考留下了什么以及我们接下来将去哪里。

即使你能找到带你进入“心流”状态的活动，你也可能没有足够的时间或机会经常从事这项活动，因此有另外一个办法就是练习正念。前面我说过如何使用这种方法度过在一列出故障的火车上的时间。正念是一种心理训练，能让你学习如何阻止大脑绑架注意力，在你没有意愿的情况下将你送进过去或未来。相反你会学会集中注意力。正念的优势在于这种方法能够从任何地方将你的思想带回到现在。这会让时间过得更慢，但也更加令人愉快。尽管正念作为东方传统宗教活动的一部分已经存在了几个世纪，但直到最近临床心理学与神经科学领域的从业者才开始对正念产生更浓厚的兴趣。研究发现，正念用来帮助感觉抑郁或焦虑的人们控制自己的思想是极为有用的。牛津大学的临床心理学家马克·威廉姆斯是认知心理疗法的业内领头人。在他进行的一项基于正念的认知心理疗法实验中，威廉姆斯发现经过每周 2 小时、总计 8 周的疗程后，那些过去曾发作过 3 次以上抑郁症的人们其抑郁症复发的频率降至治疗前的一半。[137]令人振奋的是，威廉姆斯发现这个方法在那些患有难以治疗的抑郁症的患者身上也极为有效。

无论如何，这是一个任何人都可以采用的技巧。其理念是让你学会在任何想要的时候集中注意力的能力。如果你正坐在 307 贡多拉小船上游览威尼斯，你绝不会想把注意力集中在自己的呼吸以及身体的感受上。但在其他一些情况下，正念能让你更加平静，遏止来自过去与未来的想法闯进你当前的活动中。每天进行几次仅持续 20～30 秒的训练就能产生显著效果，关键的是，越来越多的证据表明该练习确实有效。已经有文献记载了该方法对抑郁症患者能起到作用，这些患者大脑中的脑岛区域也发生了可测量的变化。而脑岛是可以感受身体状态与情感状态的区域。同时，这些患者大脑中与集中注意力有关的区域也出现了可以观察到的变化。

读完这令人印象深刻的研究后，我决定是时候轮到我自己来接受这一课了。我的老师是讲师、临床医学家帕特里奇亚·科拉德（Patrizia Collard），我曾担心这样的练习可能需要投入额外的时间，这让我参与课程的决心受到摇摆，实际上她给我安排的任务是在每天早上走向车站的途中进行训练。我走在一成不变的、相当乏味的街道上，街道两旁的房子像盒子一样，唯一能吸引我注意力的是商店里贵得离谱的商品价格。据科拉德称，这种稍微有点沉闷的马路是用来练习正念的完美地点。首先，她让我在地上站着不动，将注意力集中到地面。我可以把自己想象成一棵橡树、一座山或一位相扑选手，抑或其他任何巨大、强壮、稳定的物体。我开始意识到我的双脚与地面相连，然后慢慢深呼吸，我注意到我如何开始感觉更加平静。我关注到每一次吸气与每一次呼气，然后开始行走。她建议以在吸气时走出第一步、在呼气时走出第三步的节奏行走，但这种速度意味着我将会迟到。因此最好的办法是了解你的步伐速率，并配合相应的呼吸节奏。 308

一旦我的呼吸与我的步伐保持了整齐的节奏，我将开始感受周围的环境信息，开始留意身边的物体，并选择某个令人愉快的事物进行观察。我选择了一棵树，并发现树叶间黄色与绿色的颜色渐变有令人吃惊的多种变化。与此同时要继续保持呼吸的节奏，但这需要经过一些练习才能做到。然后问自己的身体现在感觉如何。有任何疼痛的地方吗？你的肩膀耸起来了吗？是的。你能放松肩膀吗？也许可以。你在皱眉头吗？也许是的，那么微笑让脸部放松。她告诉我："微笑就像是身体里的香槟。"她说，现在可以去上班了，而且当你到达办公室时，你会想：我今天已经准备好了。

我必须承认我也不是每天都记得做这样的练习，但当我记得做的时候，这确实能带来一些不同。该练习的好处是它能让你在开始工作时保持平静与专注，而不是如自动导航一般前往上班的路程，同时脑子里被今天的工作打扰着。

问题八：预测未来的感受

关于想象未来，已经有大量对"影响偏差"的研究表明，我们预测自己情感的能力有多么差劲。幸运的是，造成这种结果的原因是很清楚的，就是说能找到方法解决它。如果一件事将在明年发生，想象如果它发生在下周，自己到那时会有何种感受。我们往往存在只关注一个事件的最极端特性的倾向，因此如果你要想象自己换份工作后的生活是什么样，需要记住的是，不要仅仅考虑工作本身，也要考虑所有其他影响工作幸福感的因素。你将有更多或更少自由来支配自己的时间？一旦新工作的兴奋褪去，这个工作的哪些要素会令你满意？如果新工作的薪水更高，这些钱被用在什么地方能提升自己的幸福感？你的同事会是什么样的人？与现在的工作相比，新工作的气氛如何？还要记住工作之外的生活仍会对你造成影响。如工作外的生活会有什么变化？上班的路程是更方便还是更麻烦？你还会住在相同的地方吗？

令人意外的是，也许你自己并不是评估自己是否会享受这份新工作的最佳人选。如果你真的想知道自己对某个未来事件会有何种感受，在该领域有深入研究的心理学家丹·吉尔伯特的建议是：停止所有的想象，你只需要找到已经在做这份工作的人，问他们怎么看这份工作，以及对他们来说这份工作最好与最坏的地方是哪里。他也承认很少有人们喜欢这条建议。为什么要相信一个可能与你完全不同的人的观点呢？但吉尔伯特的研究结果显示，一年后看，即使是一个完全的陌生人给出的评估也比我们自己的预测可靠。

310

政府也需要留意人们在预测在自己未来感受上的困难。为了说服我们投入足够的养老金储备，我们需要细致想象自己在下周依靠微薄的养老金生活的画面，而不是 30 年后。通过这种方法，我们才能消除认为我们在未来会更有钱，不需为未来担心的倾向。这可以成功地说服（或是阻止）更多人为老年攒下更多积蓄，这样一来就减少了因资助大量生活在贫困中的老年人而进行的公共开支，也缓解了政府的财政压力。

政策制定者不可避免地会考虑他们的提案造成的社会反响，但关于时间感知的心理学提出，如果能够选择，他们可以更大胆一些。一项提案的社会反响在其公布之初时是最强烈的。认知过程会使人们将注意力放在提案的主要特性，以及这项政策将对他们造成的直接影响上。但对“影响偏差”的研究告诉我们，在未来人们的反应可能就不会那么强烈了。当禁止在公共场所吸烟的制度最初公布时，很多烟民都对此表示不满，并通过公众平台抨击这项政策。但当这项政策真正施行后，不仅因心脏病而入院治疗的人数如预期的减少，而且很多吸烟者发现自己并不如预期的那样介意这项规定。例如在爱尔兰，在烟民中支持这一政策的人数比例由政策刚刚颁布时的 1/3 提高到了禁令颁布一年后的 2/3。政客和政策制定者们可以从时间心理学中学到，媒体风暴和社会公愤会很快消失，如果他们能保持冷静，并做出有理有据的决策，他们可以成为具有雄心壮志的政治家。

结语

“只有向后看才能理解生活，但要好好生活，必须向前看。”

——索伦·克尔凯郭尔

“时间带着盛满无尽种类麻醉药的医院托盘向我们袭来，甚至在它准备对我们进行一场无法避免的致命手术时也如此。”

——田纳西·威廉姆斯

“我从来不思考未来。它来得已经够快了。”

——阿尔伯特·爱因斯坦

“我们每天所支配的时间具有弹性，我们所体验的热情使它膨胀，我们所引起的热情使它收缩，而习惯将它填满。”

——马塞尔·普鲁斯特

一位伟大的哲学家、一位伟大的剧作家、一位伟大的物理学家和一位伟大的小说家都被时间体验的奇特本质深深吸引。可以肯定的是，时间看上去会发生扭曲，当我们感到害怕或被拒绝时，时间缓慢得令人痛苦；当我们感到愉快或年龄变大时，时间好像又会加速。造成这时间扭曲现象的原因是我们的大脑会通过记忆、注意力以及情感活动的整合主动形成主观的时间体验。通常这些因素的共同作用可以创造出一个平滑有序的时间流逝体验。但只需一个因素的变化就能使时间看起来发生扭曲。如果我们注意力高度集中于自己当前的情况或时间本身，无论你感到无聊或害怕，时间看起来都变长了。而每天同样生活的重复以及因此带来更少新记忆的形成，让几年的时间似乎一闪而过。在现在和未来的时间体验中，记忆都是根基。过去的大部分事情被我们遗忘，我们观察事件时会产生折叠现象，因此会错误判断它们的发生日期，另外我们还产生一种感觉，即随着年龄增长，感觉时间越来越快。我们习惯将一定数量的记忆对应至一定长度的时间内，而一旦生活出现变化，我们对时间的感知便会偏离原有轨道。时间的扭曲被“假期悖论”放大，这是因为人们大脑中同时存在体验中的时间和回忆中的时间两种机制感受时间的流逝。当这两种机制保持协调一致时，时间的流逝看起来流畅自然，而若平衡被打破，这两种机制就无法保持协调，时间就会令人产生疑惑。

研究发现，我们对时间的体验完全依赖于另一个维度——空间。并非所有人都会将过去的每个十年或帝王统治年表想象为弹簧的形状，但有意思的是，我们似乎都会有意识地将过去及未来等时间概念与自己身体四周的空间位置相对应，我们观念中时间与空间的对应关系也可以从我们日常使用的语言中得以印证。正是这种将时间在空间中具象化的能力帮助我们能随心所欲地在大脑中进行向前或向后的时间旅行。我们的想象力如此强大以至于有时这能给我们带来优势，有时却会置我们于险境。

我们经常抱怨记忆的不可靠性，但正是这种灵活性（我喜欢这样更温和的形容）让我们能够对未来进行任意想象。对我们来说，未来是一个十分重要的时间框架，想象未来甚至是大脑的一种默认工作状态。想象让我们能够计划未来、提出假设，这些能力是人类独有的。前一刻还沉浸在回忆中，下一刻就做出改变世界的计划，我认为我们能够进行这样的时间旅行是非常美妙的一件事。但思考未来也存在问题，因为我们有过分关注未来事件的最早期及最极端的特性的倾向，而从过去吸取经验时又会忽略其中的典型特性。这造成的结果是，我们可能会做出非常错误的关于未来的决定。

与大脑有关的事实是，我们仍然无法找到真正的“大脑时钟”，但尽管如此，我们对 1 秒、1 分钟，甚至 1 小时长度的判断都可以做到令人吃惊的准确。还没有人确切地知道我们如何做到这一点，可能的解释是，大脑是通过计算随着身体进行其他活动释放出的脉冲来计算时间的。

对时间的体验将我们固定于自己的心灵实体中。有的人认为未来朝自己走来，而其他人则认为我们在永不停止流动的时间之河上不断扬帆前行。但当时间发生扭曲，我们会感到困惑或更糟。

因此，更加深入地了解人类如何体验及使用时间可以帮助我们在生产力更高的社会中过上更好的生活。这种说法似乎有些大胆，但我们的时间有很多，如果我们知道如何将其最优化地利用的话。

我们可能永远无法完全掌控时间这个如此特别的维度。不管我们对时间的收容力有多么深入的了解，它总是会扭曲，并带来困惑、挫折以及欢愉。但我们对时间了解得越多，就越能更好地利用它的特性为我们的意愿及目标服务。我们可以让它变慢，也能让它变快。我们可以更清晰地回忆过去，也能更准确地预测未来。精神的时间旅行是大脑最棒的礼物之一，这让我们成人，让我们如此特别。

本书的创作灵感来自我与坎农格特（Canongate）出版公司出色的编辑尼克·戴维斯（Nick Davies）的讨论，我们讨论的对象是一本与本书稍有不同的书，它讲述的是我们在大脑中持有未来观念的方式，我也向大家推荐这本书。是尼克鼓励我从整体上着手于时间知觉这个大主题。在一个已经有了大量研究的领域，写这样一本书是一项充满雄心的工作，我要感谢尼克给予我足够信任让我能够完成本书。

如果没有那些花费多年时间在该领域进行研究的科研人员，这本书也不可能完成。我要感谢下面各位，他们的研究很大程度上造就了我的思路：马克·维特曼、恩德尔·塔尔文、迪恩·博诺玛诺、戴维·伊戈曼（David Eagleman）、列拉·波洛蒂斯基、埃莉诺·马奎尔（Eleanor Maguire）、杰米·沃德、埃德·科克霍夫、卡提亚·卢比亚、苏珊妮·柯尔金、威廉·弗里德曼、丹尼尔·吉尔伯特（Daniel Gilbert）、德米斯·哈萨比斯、艾米丽·霍姆斯（Emily Holmes）、丹尼尔·萨克特、唐娜·罗斯·艾迪斯、托马斯·萨登多夫、卡尔·斯普纳、菲利普·津巴多（Philip Zimbardo）、巴德·克莱格、恩斯特·波普尔以及维吉尼·范·瓦森霍夫。撰写一本关于该主题的书意味着你不可能忽视时间是多么宝贵的珍品，因此我由衷感谢上面这些用自己宝贵的时间向我讲解他们的研究的专家们。

我要感谢目前的授课老师马克·威廉姆斯和帕特里奇亚·科拉德，感谢艾米·古德比对本书第二章与第四章内容的有关研究，感谢玛丽·麦克卡伦完成索引的编辑，感谢马修·布鲁姆与迪恩·博诺玛诺亲自为我校对本书的特定章节。

我还要感谢那些慷慨向我分享其个人经历的人们：查克·贝里（Chuck Berry）、罗伯特·B. 索森（Robert B. Sothern）、埃莉诺（Eleanor）与安吉拉（Angela）。我想特别强调我的BBC同事阿兰·约翰斯顿（Alan Johnston），他不仅为了我的采访而再次回忆了那段充满创伤的经历，而且很明显在采访前他已经对时间这一主题有过非常深入的思考。他完全能轻而易举地根据自己的经历写出一本书，因此他能与我分享他自己的故事是非常慷慨的。

很多收听我在BBC广播4台主持的《大脑万象》（*All in the Mind*）节目的观众花时间向我发来了关于他们自己如何具象化时间的细致描述，我尤其要感谢以下观众，他们甚至允许我在本书里直接引用他们的描述：克利福德·波普（Clifford Pope）、西蒙·托马斯（Simon Thomas）、大卫·布洛克（David Brock）、凯瑟琳·希尔帕斯（Katherine Herepath）、切拉·昆特（Chella Quint），以及其他要求匿名的听众。特别感谢罗杰·罗兰德（Roger Rowland）与丽莎·宾格利（Lisa Bingley），他们花时间画出了自己看到时间的样子，并允许我将其中的一些发表。

坎农格特出版公司的每个人都给我留下了深刻印象，他们工作的效率与热情都是每一位作家梦寐以求的。他们的努力使这本书的质量更上了一个台阶。珍妮·罗德与奥克塔维亚·里夫对语言文字做了深刻得体的改进，并出色地完成了勘误。感谢我的经纪人大卫·米勒让本书得以出版，感谢威尔·弗朗西斯对本书内容提出的细致建议。

最后，十分感谢长期忍受我抱怨没有时间完成这本书的家人与朋友，感谢我的搭档蒂姆耐心阅读了本书的大量内容，并在很多地方做出改进，并忍受我没完没了地与之进行关于时间的谈话。

注 释

前 言

1. 麦克塔加特（McTaggart 1908 年）
2. 钟成博和德沃伊（Zhong & DeVoe 2010 年）
3. http://news. bbc. co. uk/i/hi/5104778. stm

第一章 时间错觉

4. 在詹姆斯的作品中提到（1890 年）
5. 胡塞尔（Husserl 1893 年）
6. 泽鲁巴维尔（Zerubavel 2003 年）
7. 巴格等（Bargh et al. 1996 年）
8. 洛夫特斯等（Loftus et al. 1987 年）
9. 特温格等（Twenge et al. 2003 年）
10. 施耐德曼（Shneidman 1973 年）
11. 布鲁姆（Broome 2005 年）
12. 威利（Wyllie 2005 年）
13. 维特曼（Wittman 2009 年）
14. 科塔尔（Cotard 1882 年）
15. 里弗海德和科佩尔曼（Leafhead & Kopelman 1999 年）
16. 巴德利（Baddeley 1966 年）
17. 霍格兰德（Hoagland 1933 年）
18. 霍尔贝里等（Halberg et al. 2008 年）

19. 亨特（Hunt 2008 年）

第二章　头脑时钟

20. 亨德森等（Henderson et al. 2006 年）
21. 科克（Koch 2002 年）
22. 维卡里奥等（Vicario et al. 2010 年）
23. 克莱格（Craig 2009 年）
24. 赛文科（Sevinc 2007 年）
25. 波佩尔（Pöppel 2009 年）
26. 施雷特和埃贝施菲特（Schleidt & Eibesfeldt 1987 年）
27. 詹姆斯（James 1890 年）
28. 刘易斯和米亚尔（Lewis & Miall 2009 年）
29. 扎凯和布洛克（Zakay & Block 1997 年）
30. 巴尔-哈伊姆等（Bar-Haim et al. 2010 年）
31. 兰杰尔等（Langer et al. 1961 年）
32. 努伊亚纳等（Noulhiane et al. 2007 年）
33. 范·瓦森霍夫（van Wassenhove 2009 年）
34. http：//www. neurobio. ucla. edu/～dbuono/InterThr. htm
35. 博诺玛诺等（Buonomano et al. 2009 年）
36. 伊格尔曼和帕里亚达斯（Eagleman & Pariyadath 2009 年）
37. 西弗尔（Siffre 1965 年）
38. 福斯特和科雷兹曼（Foster & Kreitzman 2003 年）

第三章　红色星期一

39. 沃德（Ward 2008 年）
40. 曼恩等（Mann et al. 2009 年）
41. 沃德（Ward 2008 年）
42. 格维尔斯等（Gevers et al. 2003 年）
43. 科特尔（Cottle 1976 年）
44. 科特尔（Cottle 1976 年）

45. 波洛蒂斯基（Boroditsky 2008 年）
46. 卡萨桑托（Casasanto 2010 年）
47. 波洛蒂斯基（Boroditsky 2010 年）
48. 卡萨桑托和波洛蒂斯基（Casasanto & Boroditsky 2008 年）
49. 梅里特等（Merritt et al. 2010 年）
50. 卡萨桑托和博蒂尼（Casasanto & Bottini 2010 年）
51. 波洛蒂斯基和拉姆斯卡（Boroditsky & Ramscar 2002 年）
52. 马古莱斯和克劳福德（Margulies & Crawford 2008 年）
53. 豪泽等（Hauser et al. 2009 年）
54. 迈尔斯等（Miles et al. 2010 年）

第四章　加速流逝

55. 克古尔（Kogure 2001 年）
56. 希尔兹（Shield 1994 年）
57. 加奈（Janet 1877 年）被詹姆斯引用（James 1890 年）
58. 莱姆里希（Lemlich 1975 年）
59. 弗里德曼等（Friedman et al. 2010 年）
60. 弗里德曼等（Friedman et al. 2010 年）
61. 弗拉德拉和沃德（Fradera & Ward 2006 年）
62. 林顿（Linton 1975 年）
63. 沃克（Walker 2003 年）
64. 罗斯和威尔逊（Ross & Wilson 2002 年）
65. 斯科隆斯基等（Skowronski et al. 2003 年）
66. 魏根纳（Wagenaar 1986 年）
67. 梅科克等（Maycock et al. 1991 年）
68. 普罗哈斯卡等（Prohaska et al. 1998 年）
69. 弗雷德里克森等（Frederickson et al. 2003 年）
70. 弗里德曼（Friedman 1987 年）
71. 克劳利和普林（Crawley & Pring 2000 年）
72. 赫尔姆斯和康韦（Holmes & Conway 1999 年）

73. 康韦和哈克（Conway & Haque 1999 年）
74. 林顿（Linton 1988 年）
75. 弗兰克（Frankl 1946 年）
76. 曼恩（Mann 1924 年）

第五章 回忆未来

77. 达尔热布等（D'Argembeau et al. 2011 年）
78. 罗森鲍姆等（Rosenbaum et al. 2005 年）
79. 萨克特和阿迪斯（Schacter & Addis 2007 年）
80. 哈萨比斯和马奎尔（Hassabis & Maguire 2009 年）
81. 阿迪斯等（Addis et al. 2008 年）
82. 肯内特和马修斯（Kennett & Matthews 2009 年）
83. 埃钦鲍姆和福尔滕（Eichenbaum & Fortin 2009 年）
84. 斯普纳等（Szpunar et al. 2007 年）
85. 哈萨比斯等（Hassabis et al. 2007 年）
86. 洛甘，C. J 等（Logan，C. J. et al. 2011 年）
87. 萨登多夫和科巴里斯（Suddendorf & Corballis 2007 年）
88. 巴斯比和萨登多夫（Busby & Suddendorf 2005 年）
89. 阿坦斯（Atance 2008 年）
90. 巴克纳（Buckner 2010 年）
91. 斯普纳和麦克德莫特（Szpunar & McDermott 2008 年）
92. 伯恩特森和伯恩（Bertsen & Bohn 2010 年）
93. 纽比-克拉克和罗斯（Newby-Clark & Ross 2003 年）
94. 拉赫曼等（Lachman et al. 2008 年）
95. 范・博文和阿斯沃什（Van Boven & Ashworth 2007 年）
96. 泰勒等（Taylor et al. 1998 年）
97. 霍顿（Hawton 2005 年）
98. 克莱恩等（Crane et al. 2011 年）
99. 霍姆斯等（Holmes et al. 2007 年）
100. 科林斯沃斯和吉尔伯特（Killingsworth & Gilbert 2010 年）

101. 巴尔（Bar 2009 年）
102. 阿兹等（Azy et al. 2008 年）
103. 哈萨比斯和马奎尔（Hassabis & Maguire 2009 年）
104. 吉尔伯特和威尔逊（Gilbert & Wilson 2009 年）
105. 吉尔伯特（Gilbert 2006 年）
106. 洛文斯坦恩和弗雷德里克（Loewenstein & Frederick 1997 年）
107. 吉尔伯特等（Gilbert et al. 1998 年）
108. 威尔逊等（Wilson et al. 2000 年）
109. 邓恩等（Dunn et al. 2003 年）
110. 利博曼和特洛普（Liberman & Trope 1998 年）
111. 努斯鲍姆等（Nussbaum et al. 2006 年）
112. 利博曼和特洛普（Liberman & Trope 1998 年）
113. 瓦克斯拉克等（Wakslak et al. 2008 年）
114. 舒和格尼兹（Shu & Gneezy 2010 年）
115. 马绍尔（时间不详）
116. 布勒等（Buehler et al. 1994 年）
117. 米歇尔等（Mischel et al. 1989 年）
118. 斯滕伯格等（Steinberg et al. 2009 年）
119. 艾尔·萨维（El Sawy 1983 年）
120. 维克（Weick 1995 年）

第六章　你与时间

121. 曼冈等（Mangan et al. 1996 年）
122. 奥莱利（O'Reilly 2000 年）
123. 托宾等（Tobin et al. 2010 年）
124. 施瓦茨（Schwartz 1975 年）
125. 霍夫曼（Hoffman 2009 年）
126. 弗里德曼等（Friedman et al. 2010）
127. 奥夫康（Ofcom 2010 年）
128. 布鲁顿（Bluedorn 2002 年）

129. 勒罗伊（Leroy 2009 年）
130. 吉加-博伊等（Jiga-Boy et al. 2010 年）
131. 普特南（Putnam 1995 年）
132. 弗兰克尔（Frankl 1946 年）
133. 科克霍夫（Kerkhof 2010 年）
134. 詹姆斯（James 1890 年）
135. 契斯赞特米哈伊（Csikszentmihalyi 1996 年）
136. 津巴多和博伊德（Zimbardo & Boyd 2008 年）
137. 威廉姆斯和彭曼（Williams & Penman 2011 年）

参考文献

以下参考文献并非详尽无遗，但它们包括我在本书中提到的主要相关研究论文以及该领域的对我的研究有所助益的书籍。

不得不对作者们道歉，为了节约纸张空间和树木，在有多位作者的地方，我这里只列出其中第一位作者。

Addis, D.R. et al. (2008) Age-related changes in the episodic simulation of future events. *Psychological Science*, 19, 33 - 41.

Atance, C.M. (2008) Future thinking in young children. *Current Directions in Psychological Science*, 17, 2008, 295 - 298.

Azy, S. et al. (2008) Self in Time: Imagined self-location influences neural activity related to mental time travel. *fournal of Neuroscience*, 28 (25), 6502 - 6507.

Baddeley, A.D. (1966) Time estimation at reduced bodytemperature. *The American fournal of Psychology*, 79 (3), 475 - 479.

Baddeley, A.D et al. (2009) *Memory*. Hove: Psychology Press. Bar, M. (2009) The proactive brain: memory for predictions. Theme issue. Predictions in the brain: Using our past to generate a future. *Philosophical Transactions of the Royal Society*, B, 364, 1235 - 1243.

Bargh, J.A., Chen, M., & Burrows, L. et al. (1996) Automaticity of social behavior: Direct effects of trait construct and stereotype activation on action. *fournal of Personality and Social Psychology*, 71, 230 - 244.

Bar-Haim, Y. et al. (2010) When time slows down: The influence of threat on time perception in anxiety. *Cognition & Emotion*, 24 (2), 255 - 263.

Berntsen, D. & Bohn, A. (2010) Remembering and forecasting. The relation between autobiographical memory and episodic future thinking. *Memory and Cognition*, 38 (3), 265 - 278.

Bluedorn, A.C. (2002) *The Human Organization of Time: Temporal realities and experience*. USA: Stanford University Press.

Boring, L.D. & Boring, E.G. (1917). Temporal judgements after sleep. *Studies in Psychology*, Titchener Commemorative Volume, 255 - 279.

Boroditsky, L. (2000) Metaphoric structuring: Understanding time through spatial metaphors. *Cognition*, 75, 1 - 28.

Boroditsky, L. (2008) Do English and Mandarin speakers think differently about time? In B. C. Love et al. (eds) *Proceedings of the 30th Annual Conference of the Cognitive Science Society*, 64 - 70.

Boroditsky, L. & Ramscar, M. (2002) The roles of body and mind in abstract thought. *Psychological Science*, 13 (2), 185 - 188.

Broome, M.R. (2005) Suffering and eternal recurrence of the same: The neuroscience, psychopathology and philosophy of time. *Philosophy, Psychiatry and Psychology*, 12, 187 - 194.

Broome, M. R. & Bortolotti, L. (eds) (2009) *Psychiatry as Cognitive Neuroscience*. Oxford: Oxford University Press.

Buckner, R. (2010) The role of the hippocampus in prediction and imagination. *Annual Review of Psychology*, 61, 27 - 48.

Buehler, R. et al. (1994) Exploring the "planning fallacy": Why people underestimate their task completion times. *Journal of Personality and Social Psychology*, 67 (3), 366 - 381.

Buonomano, D.V. et al. (2009) Influence of the interstimulus interval on temporal processing and learning: Testing the statedependent network model. *Philosophical Transactions of the Royal Society*, B, 364 (1525), 1865 - 1873.

Busby, J. & Suddendorf, T. (2005) Recalling yesterday and predicting tomorrow. *Cognitive Development*, 20, 362 - 372.

Casasanto, D. (2010) 'Space for Thinking'. In Evans, V. & Chilton, P. (eds) *Language, Cognition and Space*. London: Equinox.

Casasanto, D. & Boroditsky, L. (2008) Time in the Mind: Using space to think about time. *Cognition*, 106, 579 - 593.

Casasanto, D. & Bottini, R. (2010) Can mirror-reading reverse the flow of time? Spatial Cognition, Ⅶ, 335 - 345.

Conway, M. A. & Haque, S. (1999) Overshadowing the reminiscence bump: Memories of a struggle for independence. *Journal of Adult Development*, 6, 35 - 44.

Cotard (1882) Du déilire des negations. *Archives de neurologie*, 4, 152 - 170.

Cottle, T. (1976) *Perceiving Time: A psychological investigation with men and women*. New York: John Wiley & Sons.

Craig, A.D. (2009) Emotional moments across time: A possible neural basis for time perception in the anterior insula. *Philosophical Transactions of the Royal Society*, B, 364, 1933 - 1942.

Crane, C. et al. (2011) Suicidal imagery in a previously depressed community sample. *Clinical Psychology & Psychotherapy* doi: 10. 1002/cpp. 741

Crawley, S.E. & Pring, L. (2000) When did Mrs Thatcher resign? The effects of ageing on the dating of public events. *Memory*, 8 (2), 111 - 121.

Csikszentmihalyi, M. (1996) *Creativity: Flow and the psychology of discovery and invention*. New York: Harper Perennial.

D'Argembeau, A. et al. (2011) Frequency, characteristics and functions of future-oriented thoughts in daily life. *Applied Cognitive Psychology*, 25: 96 - 103.

Draaisma, D. (2006) *Why Life Speeds Up As You Get Older: How memory shapes our past*. Cambridge: Cambridge University Press.

Dunn, E.W. et al. (2003) Location, location, location: the misprediction of satisfaction in housing lotteries. *Personality & Social Psychology Bulletin*, 29 (11), 1421–1432.

Eagleman, D.M. & Pariyadath, V. (2009) Is subjective duration a signature of coding efficiency? *Philosophical Transactions of the Royal Society*, B, 364 (1525), 1841–1851.

Eichenbaum, H. & Fortin, N.J. (2009) The neurobiology of memory based predictions. *Philosophical Transactions of the Royal Society*, B, 364, 1183–1191.

El Sawy, O. A. (1983) Temporal perspective and managerial attention: A study of chief executive strategic behaviour. *Dissertation Abstracts International*, 44 (05A), 1556–1557.

Flaherty, M.G. (1998) *Notes on a Watched Pot*. New York: New York University Press.

Foster, R. & Kreitzman, L. (2003) *Rhythms of Life: The biological clocks that control the daily lives of every living thing*. London: Profile Books.

Fradera, A. & Ward, J. (2006) Placing events in time: the role of autobiographical recollection. *Memory*, 14 (7), 834–845.

Frankl, V. (1946) *Man's Search for Meaning*. 2004 edition. London: Rider Books.

Frederickson, B.L. et al. (2003) What good are positive emotions in crises? A prospective study of resilience and emotions following the terrorist attacks on the United States on September 11th, 2001. *Journal of Personality and Social Psychology*, 84 (2), 365–376.

Friedman, W.J. (1987) A follow-up to 'scale effects in memory for the time of events': The earthquake study. *Memory and Cognition*, 15, 518 - 520.

Friedman, W. J. et al. (2010) Aging and the speed of time. *Acta Psychologica*, 134, 130 - 141.

Gevers, W. et al. (2003) The mental representation of ordinal sequences is spatially organized. *Cognition*, 87 (3), B87 - B95.

Gilbert, D. T. (2006) *Stumbling on Happiness*. London: Harper Press.

Gilbert, D. T. et al. (1998) Immune neglect: A source of durability bias in affective forecasting. *Journal of Personality & Social Psychology*, 75 (3), 617 - 638.

Gilbert, D. T. & Wilson, D. W. (2009) Why the brain talks to itself: Sources of error in emotional prediction. *Philosophical Transactions of the Royal Society*, B, 364, 1335 - 1341.

Halberg, F. et al. (2008) Chronomics, human time estimation, and aging. *Clinical Interventions in Aging*, 3 (4) 749 - 760.

Hassabis, D. & Maguire, E. A. (2009) The construction system of the brain. *Philosophical Transactions of the Royal Society*, B, 364, 1263 - 1271.

Hassabis, D. et al. (2007) Patients with hippocampal amnesia cannot imagine new experiences. *Proceedings of the National Association of Sciences*, 104, 1726 - 1731.

Hauser, D. J. et al. (2009) Mellow Monday and furious Friday: The approach-related link between anger and time representa tion. *Cognition and Emotion*, 23, 1166 - 1180.

Hawton, K. (2005) Restriction of access to methods of suicide as a means of suicide prevention. In Hawton, K. (ed.) *Prevention and Treatment of Suicidal Behaviour: From science to practice*. Oxford: Oxford University Press.

Henderson, J. et al. (2006) Timing in flee-living rufous hummingbirds, Selasphorus rufus. *Current Biology*, 16 (5), 512 - 515.

Hoagland, H. (1933) The physiological control of judgments of duration: Evidence for a chemical clock. *fournal of General Psychology*, 9, 267 - 287.

Hoffman, E. (2009) *Time*. London: Profile.

Holmes, A. & Conway, M. A. (1999) Generation identity and the reminiscence bump: Memories for public and private events. *fournal of Adult Development*, 6 (1) 21 - 34.

Holmes, E. et al. (2007) Imagery about suicide in depression - flash-forwards? *fournal of Behavior Therapy and Experimental Psychiatry*, 38 (4), 423 - 434.

Hunt, A. R. (2008) Taking a long look at action and time perception. *fournal of Experimental Psychology, Human Perception and Performance*, 34 (1) 125 - 136.

Husserl, E. (1893 - 1917) *On the Phenomenology of the Consciousness of Internal Time* (1893 - 1917), translated (1990) by J. B. Brough. Dordrecht: Kluwer.

James, W. (1890) *The Principles of Psychology*. Vol 1, published 1907. London: Macmillan & Co.

Jiga-Boy, G. M. et al. (2010) So much to do and so little time: Effort and perceived temporal distance. *Psychological Science*, 21 (12), 1811 - 1817.

Kennett, J. & Matthews, S. (2009) Mental time travel, agency and responsibility. In Broome, M. & Bortolotti, L. (eds) *Psychiatry as Cognitive Neuroscience: Philosophical perspectives*. Oxford: Oxford University Press.

Kerkhof, A. (2010) *Stop Worrying: Get your life back on track with CBT*. Berkshire: Open University Press.

Killingsworth, M.A. & Gilbert, D. (2010) A wandering mind is an unhappy mind. *Science*, 330, 932.

Klein, S. (2006) *Time: A user's guide*. London: Penguin

Koch, G. et al. (2002) Selective deficit of time perception in a patient with right prefrontal cortex lesion. *Neurology*, 59 (10), 1658 - 1659.

Kogure, T. et al. (2ooi) Characteristics of proper names and temporal memory of social news events. *Memory*, 9 (2), 103 - 116.

Lachman, M. et al. (2008) Realism and illusion in Americans' temporal views of their life satisfaction: Age differences in reconstructing the past and anticipating the furore. *Psychological Science*, 9, 889 - 897.

Langer, E.J. (2009) *Counterclockwise*. New York: Ballantine Books.

Langer, J. et al. (1961) The effect of danger upon the experience of time. *The American Journal of Psychology*, 74 (1), 94 - 97.

Leafhead, K.M. & Kopelman, M.D. (1999) 'Recent advances in moving backwards'. In Della Salla, S. (ed.) *Mind Myths*. New York: Wiley.

Lemlich, R. (1975) Subjective acceleration of time with aging. *Perceptual and Motor Skills*, 41, 235 - 238.

Leroy, S. (2009) Why is it so hard to do my work? The challenge of attention residue when switching between work tasks. *Organizational Behavior and Human Decision Processes*, 109, 168 - 181.

Levine, R. (2006) *A Geography of Time: The temporal misadventures of a social psychologist*. Oxford: Oneworld.

Lewis, P.A. & Miall, R.C. (2009) The precision of temporal judgement: milliseconds, many minutes, and beyond. *Philosophical Transactions of the Royal Society*, B, 364, 1897 - 1905.

Liberman, N. & Trope, Y. (1998) The role of feasibility and desirability considerations in near and distant future decisions: A test of temporal construal theory. *Journal of Personality and Social Psychology*, 75, 5 - 18.

Linton, M.R. (1988) 'Ways of searching and the contents of memory'. In Rubin, M. R. (ed.) *Autobiographical Memory.* Cambridge University Press: Cambridge.

Linton, M. (1975) 'Take-two-items-a-day-for-five-years study'. In Norman, D.A. et al. (eds) *Explorations in Cognition*. W.H. Freeman: San Francisco.

Loewenstein, G. & Frederick, S. (1997) 'Predicting reactions to environmental change'. In Bazerman, H.H. et al. (eds.) *Environment, Ethics & Behaviour*. San Francisco: New Lexington.

Loftus, E.F. et al. (1987) Time went by so slowly: Overestimation of event duration by males and females. *Applied Cognitive Psychology*, 1, 3 – 13.

Logan, C.J. et al. (2011) A case of mental time travel in antfollowing birds? *Behavioral Ecology*, 22 (6), 1149 – 1153.

Mangan, P.A. et al. (1996) Altered time perception in elderly humans results from the slowing of an internal clock. *Society for Neuroscience Abstracts*, 22, 183.

Mann, H. et al. (2009) Time-space synaesthesia-a cognitive advantage? *Consciousness and Cognition*, 18, 619 – 627.

Mann, T. (1924) *The Magic Mountain*. Translated (1927) by Lowe-Porter, H.T. London: Vintage (1999).

Margulies, S.O. & Crawford, L.E. (2008) Event valence and spatial metaphors of time. *Cognition & Emotion*, 22 (7), 1401 – 1414.

Marshall, F. (undated) History of the Philological society: The early years, http://www.philsoc.org.uk/history

Maycock, G. et al. (1991) The accident liability of car drivers. *TRL Research Report* 315. Berkshire: Transport Research Laboratory TRL.

McGaugh, J.L. (2003) *Memory and Emotion*. London: Weidenfeld & Nicolson.

McGrath, J.E. & Tschan, F. (2004) *Tmporal Matters in Social Psychology*. Washington: American Psychological Association.

McNally, R. J. (2003) *Remembering Trauma*. Cambridge, Mass.: The Belknap Press.

McTaggart, J.E. (1908) The unreality of time. *Mind*, 17, 456 - 473.

Merritt, D.J. et al. (2010) Do monkeys think in metaphors? Representations of space and time in monkeys and humans. *Cognition*, 117, 191 - 202.

Miles, L. et al. (2010) Moving through time. *Psychological Science*, 21 (2), 222 - 223.

Mischel, W. et al. (1989) Delay of gratification in children. *Science*, 244, 933 - 938.

Newby-Clark, I. R. & Ross, M. (2003) Conceiving the past and future. *Personality and Social Psychology Bulletin*, 29, 807 - 818.

Noulhiane, M. et al. (2007) How emotional auditory stimuli modulate time perception. *Emotion*, 7 (4), 697 - 704.

Nussbaum, S. et al. (2006) Predicting the near and distant future. *Journal of Experimental Psychology*, 135, 152 - 161.

O'Reilly, K. (2000) *The British in the Costa del Sol*. London: Routledge

Ofcom (2010) *The Communications Market* 2010. London: Ofcom.

Pöppel, E. (2009) Pre-semantically defined temporal windows for cognitive processing. *Philosophical Transactions of the Royal Society*, B, 364, 1887 - 1896.

Prohaska, V. et al. (1998) Forward telescoping: the question matters. *Memory*, 6, 455 - 465.

Putnam, R. (1995) Bowling alone: America's declining social capital. *Journal of Democracy*, 6 (1), 65 - 78.

Rosenbaum et al.. (2005) The case of K.C.: Contributions of a memory-impaired person to memory theory. *Neuropsychologia*, 43, 989 - 1021.

Ross, M. & Wilson, A.E. (2002) It feels like yesterday: Self-esteem, valence of personal past experiences, and judgments of subjective distance. *Journal of Personality and Social Psychology*, 2002, 82 (5), 792 - 803.

Schacter, D. (1996) *Searching for Memory*. NewYork: Basic Books.

Schacter, D.L. & Addis, D.R. (2007) The cognitive neuroscience of constructive memory: Remembering the past and imagining the furore. *Philosophical Transactions of the Royal Society*, B, 362, 773 - 786.

Schleidt, M.M. & Eibesfeldt, E. (1987) A universal constant in temporal segmentation of human short-term behaviour. *Naturwissenschaften*, 74, 289 - 290.

Schwartz, B. (1975) *Queuing and Waiting*. Chicago: University of Chicago.

Sevinc, E. (2007) The effects of extensive musical training on time perception regarding hemispheric lateralizafion, different time ranges and generalization to different modalities. PhD thesis retrieved 10.01.12. from http://cogprints.org/6171

Shield, R. (1994) Extracts from diary. *NPR Sound portraits*, http://www.soundportraits.org/on-air/worlds_longest_diary/diary_entry1.gif

Shneidman, E.S. (1973) Suicide notes reconsidered. *Psychiatry*, 36, 379 - 393.

Shu, S.B. & Gneezy, A. (2010) Procrastination of enjoyable experiences. *Journal of Marketing Research*, 47 (5) 933 - 934.

Siffre, M. (1965) *Beyond Time*. London: Chatto & Windus.

Skowronski, J.J. et al. (2003) Ordering our world: An examination of time in autobiographical memory. *Memory*, 11, 247 - 260.

St Augustine (2004) *Confessions of a Sinner*. London: Penguin Steinberg, L. et al. (2009) Age differences in future orientation and delay discounting. *Child Development*, 80 (1), 28 - 44.

Suddendorf, T. & Corballis, M. C. (2007) The evolution of foresight: What is mental time travel and is it unique to humans? *Behavioral and Brain Sciences*, 30, 299 - 313.

Szpunar, K. K. & McDermott, K. B. (2o08) Episodic future thought and its relation to remembering: Evidence from ratings of subjective experience. *Consciousness and Cognition*, 17, 330 - 334.

Szpunar, K. K. et al. (2007) Neural substrates of envisioning the furore. *Proceedings of the National Academy of Sciences*, 104, 642 - 647.

Taylor, S. (2007) *Making Time: Why time seems to pass at different speeds and how to control it*. London: Icon Books.

Taylor, S. E. et al. (1998) Harnessing the imagination: Mental simulation, self-regulation and coping. *American Psychologist*, 53, 429 - 439.

Tobin, S. et al. (2010) An ecological approach to prospective and retrospective timing on long durations: A study involving gamers. *PLoS One*, 5 (2), e9271.

Twenge, J. M. et al. (2003) Social exclusion and the deconstructed state: Time perception, meaningless, lethargy, lack of emotion, and self-awareness. *Journal of Personality and Social Psychology*, 85 (3), 409 - 423.

Van Boven, L. & Ashworth, L. (2007) Looking forward, looking back: Anticipation is more evocative than retrospection. *Journal of Experimental Psychology: General*, 136, 289 - 300.

van Wassenhove, V. (2009) Minding time in an amodal representational space. *Philosophical Transactions of The Royal Society*, B, 364, 1815 - 1830.

Vicario, C. et al. (2010) Time processing in children with Tourette's syndrome. *Brain and Cognition*, 73 (1), 28 - 34.

Wagenaar, W. A. (1986) My memory: A study of autobiographical memory over six years. *Cognitive Psychology*, 18, 225 - 252.

Wakslak, C. J. et al. (2008) Representations of the self in the near and distantfurore. *Journal of Personality and Social Psychology*, 95, 757 - 773.

Walker et al. (2003) Life is pleasant-and memory helps to keep it that way. *Review of General Psychology*, 7 (2), 203 - 210.

Ward, J. (2008) *The Frog who Croaked Blue*. London: Routledge.

Weick, K. E. (1995) *Sensemaking in Organizations*. California: Sage Publications.

Williams, M. & Penman, D. (2011) *Mindfulness: A practical guide to finding peace in a frantic world*. London: Piatkus.

Wilson, T. et al. (2000) Focalism: A source of durability bias in affective forecasting. *Journal of Personality and Social Psychology*, 78 (5), 821 - 836.

Wittman, M. (2009) The inner experience of time. *Philosophical Transactions of the Royal Society*, B, 364, 1955 - 1967.

Wyllie, M. (2005) Lived time and psychopathology. *Philosophy, Psychiatry & Psychology*, 12 (3), 173 - 185.

Zakay, D. & Block, R. A. (1997) Temporal Cognition. *Current Directions in Psychological Science*, 6, 12 - 16.

Zerubavel, E. (2003) *Time Maps: Collective memory and the shape of the social past*. Chicago: University of Chicago Press.

Zerubavel, E. (1981) *Hidden Rhythms: Schedules and calendars in social life*. Chicago: University of Chicago Press.

Zhong, C. & DeVoe, S. (2010) You are how you eat: Fast food and impatience. *Psychological Science*, 21, 619 - 622.

Zimbardo, P. & Boyd, J. (2008) *The Time Paradox*. London: Rider Books.

索 引

请注意：索引中的页码是原书的页码，即本书的边码。页码数字后的“n”表示注释，此条索引提到的相关研究，并未提及作者姓名，后者信息可以在“注释”部分找到。

图书在版编目（CIP）数据

错觉在或不在，时间都在　人对时间的感知如何形成 /（英）克劳迪娅·哈蒙德著 ；桂江城译. -- 长沙 :湖南科学技术出版社，2017.7
（果壳阅读·第六日译丛）
ISBN 978-7-5357-9215-0

Ⅰ. ①错… Ⅱ. ①克… ②桂… Ⅲ. ①时间—普及读物Ⅳ. ①P19-49

中国版本图书馆 CIP 数据核字(2017)第 048068 号

CUOJUE ZAI HUO BUZAI，SHIJIAN DOUZAI REN DUI SHIJIAN DE GANZHI RUHE XINGCHENG
错觉在或不在，时间都在　人对时间的感知如何形成
著　　者：[英]克劳迪娅·哈蒙德
译　　者：桂江成
责任编辑：孙桂均　吴　炜　李　蓓
出版发行：湖南科学技术出版社
社　　址：长沙市湘雅路 276 号
http://www.hnstp.com
湖南科学技术出版社天猫旗舰店网址：
http://hnkjcbs.tmall.com
邮购联系：本社直销科 0731-84375808
印　　刷：衡阳顺地印务有限公司
（印装质量问题请直接与本厂联系）
厂　　址：湖南省衡阳市雁峰区园艺村 9 号
邮　　编：421008
版　　次：2017 年 7 月第 1 版第 1 次
开　　本：880mm×1230mm　1/32
印　　张：9.25
字　　数：210000
书　　号：978-7-5357-9215-0
定　　价：38.00 元